Sitzungsberichte der Heidelberger Akademie der Wissenschaften
Mathematisch-naturwissenschaftliche Klasse

Die Jahrgänge bis 1921 einschließlich erschienen im Verlag von Carl Winter, Universitätsbuchhandlung in Heidelberg, die Jahrgänge 1922—1933 im Verlag Walter de Gruyter & Co. in Berlin, die Jahrgänge 1934—1944 bei der Weiß'schen Universitätsbuchhandlung in Heidelberg. 1945, 1946 und 1947 sind keine Sitzungsberichte erschienen.

Jahrgang 1941.
1. Beiträge zur Petrographie des Odenwaldes. I. O. H. ERDMANNSDÖRFFER. Schollen und Mischgesteine im Schriesheimer Granit. DM 1.—.
2. M. STECK. Unbekannte Briefe Frege's über die Grundlagen der Geometrie und Antwortbrief Hilbert's an Frege. DM 1.—.
3. Studien im Gneisgebirge des Schwarzwaldes. XII. W. KLEBER. Über das Amphibolitvorkommen vom Bannstein bei Haslach im Kinzigtal. DM 1.60.
4. W. SOERGEL. Der Klimacharakter der als nordisch geltenden Säugetiere des Eiszeitalters. DM 1.40.

Jahrgang 1942.
1. E. GOTSCHLICH. Hygiene in der modernen Türkei. DM 0.60.
2. Studien im Gneisgebirge des Schwarzwaldes. XIII. O. H. ERDMANNSDÖRFFER. Über Granitstrukturen. DM 1.60.
3. J. D. ACHELIS. Die Überwindung der Alchemie in der paracelsischen Medizin. DM 1.40.
4. A. BENNINGHOFF. Die biologische Feldtheorie. DM 1.—.

Jahrgang 1943.
1. A. BECKER. Zur Bewertung inkonstanter α-Strahlenquellen. DM 1.—.
2. W. BLASCHKE. Nicht-Euklidische Mechanik. DM 0.80.

Jahrgang 1944.
1. C. OEHME. Über Altern und Tod. DM 1.—.

1945, 1946 und 1947 sind keine Sitzungsberichte erschienen.

Ab Jahrgang 1948 erscheinen die „Sitzungsberichte" im Springer-Verlag.

Inhalt des Jahrgangs 1948:
1. P. CHRISTIAN und R. HAAS. Über ein Farbenphänomen. DM 1.50.
2. W. BLASCHKE. Zur Bewegungsgeometrie auf der Kugel. DM 1.—.
3. P. UHLENHUTH. Entwicklung und Ergebnisse der Chemotherapie. DM 2.—.
4. P. CHRISTIAN. Die Willkürbewegung im Umgang mit beweglichen Mechanismen. DM 1.50.
5. W. BOTHE. Der Streufehler bei der Ausmessung von Nebelkammerbahnen im Magnetfeld. DM 1.—.
6. W. TROLL. Urbild und Ursache in der Biologie. DM 1.50.
7. H. WENDT. Die JANSEN-RAYLEIGHsche Näherung zur Berechnung von Unterschallströmungen. DM 2.40.
8. K. H. SCHUBERT. Über die Entwicklung zulässiger Funktionen nach den Eigenfunktionen bei definiten, selbstadjungierten Eigenwertaufgaben. DM 1.80.
9. W. SCHAAFF. Biegung mit Erhaltung konjugierter Systeme. DM 1.80.
10. A. SEYBOLD und H. MEHNER. Über den Gehalt von Vitamin C in Pflanzen. DM 9.60.

Sitzungsberichte
der Heidelberger Akademie der Wissenschaften
Mathematisch-naturwissenschaftliche Klasse
Jahrgang 1960/61, 5. Abhandlung

Theorie des Mößbauer-Effektes

Von

Joachim Petzold

aus dem
Institut für Theoretische Physik der Universität Heidelberg

(Vorgelegt in der Sitzung vom 14. Januar 1961)

1961
Springer-Verlag Berlin Heidelberg GmbH

Alle Rechte, insbesondere das der Übersetzung in fremde Sprachen, vorbehalten

Ohne ausdrückliche Genehmigung des Verlages ist es auch nicht gestattet, diese Abhandlung oder Teile daraus auf photomechanischem Wege (Photokopie, Mikrokopie) zu vervielfältigen

ISBN 978-3-540-02748-5   ISBN 978-3-642-99870-6 (eBook)
DOI 10.1007/978-3-642-99870-6

© by Springer-Verlag Berlin Heidelberg 1961
Ursprünglich erschienen bei Springer-Verlag OHG, Berlin· Gottingen · Heidelberg 1961

Die Wiedergabe von Gebrauchsnamen, Handelsnamen, Warenbezeichnungen usw. in dieser Abhandlung berechtigt auch ohne besondere Kennzeichnung nicht zu der Annahme, daß solche Namen im Sinne der Warenzeichen- und Markenschutz-Gesetzgebung als frei zu betrachten wären und daher von jedermann benutzt werden dürften.

Theorie des Mößbauer=Effektes

Von

Joachim Petzold

Aus dem Institut für Theoretische Physik der Universität Heidelberg

(Vorgelegt in der Sitzung vom 14. Januar 1961)

Inhaltsverzeichnis
Seite
§ 1. Einleitung 3
§ 2. Überblick 5
§ 3. Die Bewegung der Gitterbausteine 9
§ 4. Die Eigenschwingungen des Kristalls 15
§ 5. Das Energiespektrum der γ-Quanten 21
§ 6. Diskussion des Rückstoßspektrums 26
§ 7. Die Abhängigkeit des Debye-Waller-Faktors von den Massen der Gitteratome 30
§ 8. Die Bestimmung des Schwingungsspektrums von Kristallen aus dem Rückstoßspektrum 34
Anhang A: Der Zustand des Kristallgitters nach der γ-Emission . . . 36
Anhang B: Die Impulsübertragung auf den harmonischen Oszillator . 41

§ 1. Einleitung

R. L. MÖSSBAUER hat durch seine Arbeiten[1] in den letzten Jahren einen wichtigen Effekt entdeckt: Angeregte Atomkerne, die durch γ-Emission in den Grundzustand übergehen, übertragen mit großer Wahrscheinlichkeit den γ-Quanten die volle Anregungsenergie, wenn sie in ein Kristallgitter eingebaut sind. Man beobachtet eine intensive, sehr scharfe Linie der γ-Quanten, deren geringe Energieunschärfe allein durch die endliche Lebensdauer des Kernniveaus bestimmt ist. Der Kristall spielt dabei eine entscheidende Rolle, denn bekannterweise senden angeregte Atomkerne von Gasen eine durch den Doppler-Effekt stark verbreiterte und durch Rückstoßeffekte verschobene Linie von γ-Quanten aus.

Durch Anwendung dieses Effektes auf Kernresonanz-Fluoreszenz-Experimente — wodurch sehr kleine Energiedifferenzen

---
[1] MÖSSBAUER, R. L.: Z. Physik **151**, 124 (1958). — Z. Naturforsch. **14a**, 211 (1959). — MÖSSBAUER, R. L., u. W. H. WIEDEMANN: Z. Physik **159**, 33 (1960).

($<10^{-9}$ eV) gemessen werden können — wurden neue Möglichkeiten zur Untersuchung der Eigenschaften von Atomkernen und auch von Kristallgittern gewonnen. Naturgemäß hat sich das Interesse zunächst auf die Anwendung auf Atomkerne konzentriert, während die Frage nach Kristallgittereigenschaften etwas in den Hintergrund trat.

Angesichts der großen Bedeutung, die der Mößbauer-Effekt erlangt hat, sei es daher erlaubt, einmal in aller Ausführlichkeit zu untersuchen, welche Eigenschaften der Kristalle den Mößbauer-Effekt überhaupt erst möglich machen. Zwar wurden einige bekannte Theorien, wie die der Streuung von Neutronen[2] oder Röntgenstrahlen[3] an Kristallen, zur Deutung herangezogen, doch wurde die Berechtigung dazu kaum untersucht. Außerdem geht aus der bislang an die entsprechenden Formeln angeschlossenen Diskussion nicht klar hervor, warum sich die Linie der rückstoßfrei emittierten γ-Quanten (die Mößbauer-Linie) scharf vom Spektrum der unter Übertragung von Rückstoßenergie emittierten γ-Quanten (dem Rückstoßspektrum) abhebt.

Wir werden beide Fragen zunächst qualitativ diskutieren (§ 2). Dabei wird deutlich, daß beim Mößbauer-Effekt keine speziellen Kerneigenschaften eine Rolle spielen. Er muß vielmehr aus einer genauen Analyse des Kristallgitterzustandes nach der γ-Emission verständlich werden. Das wird die Hauptaufgabe dieser Arbeit sein. Die Grundlage bildet die in (3.3) angegebene Form für den Gitter-Endzustand. Die Überlegungen des § 2 und die zu (3.3) gemachten Bemerkungen sollen diese Form plausibel machen. Eine strenge Begründung wird im Anhang A gegeben. Im folgenden wird dann für den Kristall die Näherung gemacht, daß die Gitterkräfte harmonisch sind. Weitere Einschränkungen werden nicht gemacht. Die Rechnungen sind also auch für nicht-primitive Gitter gültig.

Zuerst wird untersucht, wie die Bewegung der Gitterbausteine (§ 3) und die Eigenschwingungen des Kristalls (§ 4) durch die γ-Emission beeinflußt werden. Anschließend wird die bereits von LAMB[2] angegebene Formel für das Energiespektrum der γ-Quanten hergeleitet (§ 5) und diskutiert (§ 6). Dabei wird gezeigt, warum sich

---

[2] LAMB, W. E.: Phys. Rev. **55**, 190 (1939).
[3] Eine zusammenfassende Darstellung und Literaturhinweise findet man z. B. bei J. BOUMAN, Theoretical Principles of Structural Research by X-Rays. In Handbuch der Physik, Bd. 32, Berlin 1957, insbesondere Abschnitt D III.

die Mößbauer-Linie scharf vom Rückstoßspektrum der γ-Quanten abhebt.

Die Intensität der Mößbauer-Linie ist (unter Voraussetzung harmonischer Gitterkräfte) in Strenge durch das Schwankungsquadrat des emittierenden Kerns im Gitter nach (6.7) bestimmt. In vielen Arbeiten wird sie jedoch als Funktion der Debye-Temperatur Θ des Kristalls nach (6.8a) angegeben. Eine Untersuchung der Abhängigkeit der Intensität von den Massen der Gitteratome (§ 7) zeigt jedoch, daß Θ nur sehr bedingt als ein Maß für die Größe des Mößbauer-Effektes angesehen werden kann.

Die Energieverteilung der γ-Quanten ist eindeutig durch das Schwingungsspektrum $\sigma(\omega)$ des Kristalls bestimmt, wenn dieser ein kubisch-primitives Gitter besitzt. Man kann nun den Zusammenhang umkehren und das Schwingungsspektrum durch das Energiespektrum der γ-Quanten ausdrücken (§ 8). Wenn man also dieses mißt, kann man daraus $\sigma(\omega)$ bestimmen. Diesbezügliche Experimente wurden von V. VISSHER[4] vorgeschlagen. Er hat jedoch eine Methode zur Auswertung angegeben, die nur im Grenzfall kleiner γ-Energien anwendbar ist. Durch die obigen Überlegungen wird gezeigt, daß diese Beschränkung nicht notwendig ist, wodurch die experimentelle Situation etwas günstiger geworden ist. Zur Bestimmung des Schwingungsspektrums des Kristalls sind nämlich die nicht-rückstoßfrei emittierten γ-Quanten wichtig. Im Grenzfall kleiner γ-Energien werden aber fast alle γ-Quanten rückstoßfrei emittiert, so daß dann wegen der geringen Intensität des Rückstoßspektrums die experimentellen Schwierigkeiten sehr groß sind.

§ 2. Überblick

Wir betrachten einen Kristall, in dem der Kern eines Gitteratoms angeregt sei. Weil die Gitterkräfte im Verhältnis zu den Kernkräften sehr schwach sind, werde von deren Einfluß auf die γ-Emission (wie Zeemann-Effekt usw.) abgesehen. Umgekehrt wird wegen der kurzen Reichweite der Kernkräfte die γ-Emission nur auf den Leuchtkern selbst, insbesondere auf seine Schwerpunktsbewegung wirken, aber nicht unmittelbar auf die Nachbarbausteine im Gitter. Der Bewegungszustand anderer Atome wird nur über die Gitterkräfte beeinflußt.

Da sich bei der Emission die Wahrscheinlichkeitsamplitude des γ-Quants nach allen Richtungen ausbreitet, wird die Schwerpunkts-

---

[4] VISSHER, V.: Annals of Physics 9, 194 (1960).

bewegung des Leuchtkernes nicht beeinflußt, ehe nicht durch eine Messung festgestellt wurde, daß ein γ-Quant mit einem bestimmten Impuls $\mathfrak{k}$ ausgesandt wurde. Die zur Durchführung der Messung benötigte Zeit ist sehr kurz gegen die kleinste Schwingungsdauer des Kristalls. Demnach kann sich unmittelbar nach der Beobachtung des γ-Quants nur der Bewegungszustand des Leuchtkernes durch Aufnahme des Rückstoßimpulses geändert haben, nicht aber der Zustand der anderen Gitteratome. Um eine Vorstellung von den Größenordnungen der Zeiten zu geben, werde als Beispiel Fe^{57} betrachtet, dessen erstes angeregtes Kernniveau eine 14,4 keV γ-Strahlung aussendet. Ob das γ-Quant schon emittiert wurde oder nicht, kann man am Anregungszustand des Kerns feststellen. Dazu muß man eine Energiemessung von der Genauigkeit der Anregungsenergie von 14,4 keV machen. Nach der Energie-Zeit-Unschärfe-Relation benötigt man dafür eine Meßzeit von 10^{-19} sec, während der eine Entscheidung über eine erfolgte Emission nicht möglich ist und die daher als Emissionszeit angesehen werden muß. Damit muß man die kürzeste Schwingungsdauer des Kristalls vergleichen, die etwa von der Größenordnung 10^{-14} sec ist, wie man aus der Debye-Temperatur des Eisens von $\Theta \approx 300°$ K schließt.

(Bekanntlich hängt nach der Debyeschen Theorie der spezifischen Wärmen die größte Frequenz des Kristalls, die Grenzfrequenz ω_g mit der Debye-Temperatur durch die Beziehung $\hbar\omega_g = \varkappa\Theta$ zusammen, wobei $\varkappa$ die Boltzmann-Konstante ist. Wenn auch die realen Kristalle kein Debyesches Schwingungsspektrum besitzen, wird doch Θ der Größenordnung nach ein Maß für die größten Frequenzen sein.)

Die ganze Wirkung der γ-Emission auf das Gitter besteht also darin, daß das γ-Quant seinen Rückstoßimpuls dem Leuchtkern überträgt. Dieser gibt dann über die Gitterkräfte den Impuls an die anderen Gitterbausteine weiter. Es geht durch den Kristall eine Stoßwelle. Dabei übernimmt der Kristall als Ganzes den Impuls; denn durch die inneren Schwingungen des Kristalls kann kein Impuls aufgenommen werden, weil sie stehende Wellen sind, bei denen der Mittelwert, d.h. der quantenmechanische Erwartungswert des Impulses Null ist. Die vom Gesamtkristall im Zusammenhang mit der Impulsübertragung aufgenommene kinetische Energie ist wegen der großen Masse des Kristalls verschwindend klein, so daß sie immer vernachlässigt werden soll. Energie kann nur dadurch dem Kristall übertragen werden, daß durch den γ-Rückstoß Gitterschwingungen angeregt werden, die dabei aber — wie oben erwähnt wurde — keinen Impuls aufnehmen. Die durch die γ-Emission auf das Gitter übertragene Energie und der übertragene Impuls sind praktisch entkoppelte, unabhängige Größen. Dabei kann der Impulssatz immer als vom Gesamtkristall erfüllt angesehen werden und braucht nicht mehr weiter in Betracht gezogen zu werden.

Wir müssen untersuchen, wodurch die übertragene Energie bestimmt ist. Das Matrixelement für den Kernübergang hängt kaum davon ab, ob das hochenergetische γ-Quant die volle Anregungsenergie besitzt oder einige Hundertstel eV [für Fe^{57} sind es im Mittel pro γ-Quant 0,002 eV, vgl. § 3, Gl. (3.7)] an das Gitter abgegeben hat. Daher soll von diesem Kernmatrixelement wie auch — der Einfachheit wegen — von der Energieunschärfe der γ-Quanten, die durch die endliche Lebensdauer des angeregten Kerns bedingt ist, abgesehen werden.

Welche Energie beim Emissionsakt vom Gitter aufgenommen wird, hängt im wesentlichen von den inneren Verhältnissen des Kristalls ab. Daß der Leuchtkern zunächst allein den Rückstoßimpuls aufnimmt, bedeutet nicht, daß er während des Emissionsaktes als frei zu betrachten wäre. Vielmehr macht sich bemerkbar, wie stark der Kern im Gitter gebunden ist. Je starrer das ganze System ist, um so wahrscheinlicher ist es, daß keine Schwingungen des Kristalls angeregt werden und das γ-Quant die volle Anregungsenergie des Kernes erhält, also keine Energie an das Gitter abgibt. Umgekehrt werden um so leichter Eigenschwingungen unter Energie-Absorption oder -Emission angeregt, je weicher der Emitter an das Gitter gekoppelt ist.

Ein Maß für die Stärke der Kopplung bildet beim harmonischen Oszillator die Frequenz*. Je mehr große Frequenzen ein Kristall besitzt (für einen Kristall mit einem Debye-Spektrum ist das gleichbedeutend mit einer großen Debye-Temperatur), um so fester sind die Gitterbausteine aneinandergebunden. Bei den bisher untersuchten Fällen des Mößbauer-Effektes kann die Bindung als ziemlich stark angesehen werden, denn die Anregungsenergie einer Eigenschwingung der Grenzfrequenz (bei einem Debye-Spektrum ist das die häufigste Frequenz) ist groß ($\hbar\omega_g = 0,025$ eV für $\Theta = 300°$ K)

---

* Die Abhängigkeit der Frequenzen von den Massen der Gitterbausteine wird in § 7 untersucht. Bis dahin sollen die Frequenzen nur in Abhängigkeit vom Potential betrachtet werden.

gegen oder von gleicher Größenordnung wie die im Mittel auf das Gitter übertragene Energie.

Damit ist die erste wichtige Eigenschaft des Kristalls erwähnt, die für den Mößbauer-Effekt notwendig ist: Der Emitter muß an ein großes System angekoppelt sein, das den γ-Rückstoßimpuls aufnehmen kann, ohne dabei Energie aufzunehmen, damit das γ-Quant die volle Anregungsenergie erhalten kann. Die Kopplung muß stark sein, damit eine Energieabgabe des γ-Quants an das Gitter durch Anregung von Gitterschwingungen unwahrscheinlich wird.

Der Mößbauer-Effekt kann nur quantenmechanisch verstanden werden. Das klassische Bild versagt vollkommen, wenn man das Verhalten des Emitters verstehen will: Einmal wirkt er wie vollkommen starr mit dem Kristall verbunden und das γ-Quant gibt keine Rückstoßenergie ab; dann wirkt er wieder mehr oder weniger weich angekoppelt und sein Schwingungszustand wird durch die Emission geändert. Diese verschiedenen Wirkungsweisen sind möglich, weil er an allen Eigenschwingungen des Kristalls teil hat und nach der Quantenmechanik die Änderungen der Anregungsstufen der Eigenschwingungen durch den γ-Rückstoß durch Wahrscheinlichkeiten bestimmt sind.

Je kleiner die Frequenz eines Oszillators ist, um so leichter sollte wegen der schwächeren effektiven Kopplung eine Anregung sein. Andererseits weiß man aber aus dem T^3-Gesetz der spezifischen Wärme der Kristalle, daß die Zahl der Oszillatoren, die eine Frequenz zwischen ω und $\omega + d\omega$ besitzen, proportional ω^2 für kleine ω ist, also verschwindend klein. Dieses Verhalten ist ausreichend, damit die Gesamtwahrscheinlichkeit für eine Änderung der Gitterenergie um kleine Beträge sehr klein wird und daher auch die Mößbauer-Linie nicht verbreitert wird. Es ist, als ob im Schwingungsspektrum eine Lücke vorhanden ist, so daß mit einiger Wahrscheinlichkeit nur relativ große Energiebeträge, die von der Größenordnung der Anregungsenergie eines Oszillators der Grenzfrequenz sind, vom γ-Quant an das Gitter abgegeben oder von ihm aufgenommen werden können — oder gar nichts.

Die zweite für den Mößbauer-Effekt wichtige Eigenschaft des Kristalls ist also das Verhalten seines Spektrums für kleine Frequenzen. Wie die Diskussion in § 5 zeigen wird, muß es mindestens mit ω^2 verschwinden, damit keine Linienverbreiterung eintritt und die Mößbauer-Linie sich scharf vom Rückstoßspektrum abhebt.

Mit wachsender Temperatur wird die Bindung der Gitterbausteine untereinander lockerer, das System ist nicht mehr so starr. Dann wird es immer wahrscheinlicher, daß die γ-Quanten nicht mehr rückstoßfrei emittiert werden. Die Intensität der Mößbauer-Linie nimmt ab und das Rückstoßspektrum nimmt immer mehr die Form an, die ein freies Atom zeigen würde.

Bezüglich der Anregung von Gitterschwingungen hat der Mößbauer-Effekt große Ähnlichkeit mit der Streuung von Neutronen[2, 5] oder Röntgenstrahlen[3] an Kristallen und mit dem Raman-Effekt[5]. Denn auch hier besteht die ganze Wirkung der gestreuten Partikel auf das Gitter darin, daß sie ihren Rückstoßimpuls an den streuenden Gitterbaustein übertragen. Die Analogie wird noch größer, wenn man die Streuung als eine (i. allg. zwar nur virtuelle) Absorption und nachfolgende Emission, die die Umkehrung der Absorption ist, des Partikels durch den Streuer auffaßt. Die beobachteten intensiven Linien der elastischen Streuung — beim Röntgenlicht als Rayleigh-Streuung bzw. Lauesche Interferenzstrahlen bekannt — kann man sich als einen doppelten „Mößbauer-Effekt" vorstellen, einen bei der Absorption und einen bei der Emission (wobei die Gitteratome mit ihren Elektronen an Stelle des Kerns als Absorber auftreten), denn auch hier nimmt der Kristall als Ganzes den Rückstoßimpuls der Partikel auf, ohne Energie zu absorbieren. Das Rückstoßspektrum konnte bei der Streuung von Röntgenstrahlen bisher nicht gut beobachtet werden. Die inelastisch gestreuten Quanten konnten nicht von den elastisch gestreuten aufgelöst werden, weil die Energieunterschiede zu gering sind. Dagegen wurde die inelastische Streuung, die Raman-Linien, im optischen Gebiet sehr gut an Molekülen beobachtet.

Nach diesen Betrachtungen ist es nicht verwunderlich, wenn viele Beziehungen, die vor langer Zeit schon im Zusammenhang mit der Theorie der Streuung von Röntgenstrahlen an Kristallen und der Theorie des Raman-Effekts erarbeitet wurden, auch auf den Mößbauer-Effekt angewandt werden können.

§ 3. Die Bewegung der Gitterbausteine

Wie die Betrachtungen des vorigen Paragraphen darlegen, muß eine ausführliche Analyse des Gitterzustandes nach der γ-Emission

---
[5] AMALDI, E.: The Production and Slowing Down of Neutrons. In Handbuch der Physik, Bd. 38/2, Abschn. D. Berlin 1959.
MISZUSHIMA, S.: Raman-Effect. In Handbuch der Physik, Bd. 26. Berlin 1958.

den Mößbauer-Effekt verständlich machen. In diesem Abschnitt soll der Zustand unter dem Gesichtspunkt betrachtet werden, was man daraus über die Beeinflussung der Bewegung der Gitterbausteine durch die γ-Emission aussagen kann.

Der Kristall, bestehend aus N Atomen, werde durch den Hamilton-Operator*

$$H = \sum_{i=1}^{N} \frac{1}{2m_i} \mathfrak{p}_i^2 + V(\mathfrak{x}_1, \ldots, \mathfrak{x}_N) \qquad (3.1)$$

beschrieben, mit m_i als Masse, $\mathfrak{p}_i$ als Impuls und $\mathfrak{x}_i$ als Lagekoordinate des i-ten Gitteratoms. Die $\mathfrak{p}_i$ und $\mathfrak{x}_i$ sollen hierbei als die inneren Koordinaten des Kristalls angesehen werden. Beim Mößbauer-Experiment werden nämlich keine Translationen und Rotationen des Gesamtkristalls durch die γ-Emission hervorgerufen, so daß von diesen Variablen abgesehen werden kann. Weiterhin wird durch die nicht-rückstoßfreie Emission im Mittel nur sehr wenig Energie übertragen [wie aus der vom Potential V unabhängigen Beziehung (3.7) hervorgeht]. Die Gitterbausteine werden nur wenig aus ihrer Ruhelage ausgelenkt. [Das ist nach (3.14) für Fe^{57} weniger als ein Zehntel der Gitterkonstanten.] Daher genügt es anzunehmen, daß die Gitterkräfte harmonisch sind. Das Gitterpotential ist in guter Näherung eine Bilinearform der Auslenkungen $\mathfrak{u}_i = \mathfrak{x}_i - \mathfrak{y}_i$ der Atome von ihren Gleichgewichtslagen $\mathfrak{y}_i$. Da die Eigenschwingungen des Kristalls stabil sind, muß die Bilinearform positiv definit sein (die Eigenwerte sind positiv und damit sind die Eigenfrequenzen reell).

Da für V die Oszillatornäherung gemacht wird, besitzt H ein diskretes Eigenwertspektrum

$$H \Phi_j = E_j \Phi_j. \qquad (3.2)$$

Das Gitter befinde sich in einem Anfangszustand ψ_i, wobei es bei den Betrachtungen dieses Paragraphen belanglos ist, ob ψ_i ein Eigenvektor von H ist oder nicht. Wenn der Kern des Leuchtatoms, das durch den Index L gekennzeichnet werde, zur Zeit $t=0$ plötzlich ein γ-Quant mit dem Impuls $\mathfrak{k}$ emittiert**, übernimmt (nach den Überlegungen des § 2) das Leuchtatom den Rückstoßimpuls $-\mathfrak{k}$, während sich sonst am Gitterzustand nichts ändert. Der Zustand nach der γ-Emission lautet daher

$$\psi_f = e^{-i\mathfrak{k}\cdot\varphi_L} \psi_i. \qquad (3.3)$$

---
* Es wird $\hbar = 1$ gesetzt.
** Die Wirkung der Emission auf das Gitter ist momentan. Vgl. § 2, Absatz 2 und Anhang A.

Daß $e^{-i\mathfrak{k}\cdot\mathfrak{r}_L}$ gerade eine Übertragung des Impulses $-\mathfrak{k}$ auf das L-te Atom beschreibt, macht man sich leicht folgendermaßen klar: Entwickelt man (in Ortsdarstellung) den Zustand $\psi_i(\mathfrak{r}_1, \ldots, \mathfrak{r}_N)$ nach ebenen Wellen, so erhält jede Partialwelle des L-ten Atoms bei Anwendung von $e^{-i\mathfrak{k}\cdot\mathfrak{r}_L}$ einen zusätzlichen Impuls $-\mathfrak{k}$, während die Wellen der anderen Gitterbausteine unbeeinflußt bleiben. Die Lage der Gitterbausteine wird nicht geändert, da die γ-Emission spontan erfolgt. Das drückt sich darin aus, daß die Erwartungswerte der $\mathfrak{r}_j$ bezüglich ψ_f und ψ_i gleich sind. Eine strenge Begründung der Gl. (3.3) wird im Anhang A gegeben.

Nach der γ-Emission dreht sich (entsprechend dem Schrödinger-Bild) der Zustand ψ_f nach dem Hamilton-Operator H (3.1) weiter. Der zeitabhängige Zustand des Kristalls ist also [6]

$$\Psi(t) = \begin{cases} e^{-iHt}\psi_i & \text{für } t<0 \\ e^{-iHt}\psi_f = e^{-iHt}e^{-i\mathfrak{k}\cdot\mathfrak{r}_L}\psi_i & \text{für } t>0. \end{cases} \quad (3.4)$$

Mit dem Zustand ψ_f (3.3) kann man leicht die vom Gitter bei der γ-Emission aufgenommene Energie, gemittelt über alle Emissionsprozesse, $\Delta E = (\psi_f, H\psi_f) - (\psi_i, H\psi_i)$ berechnen. Der Operator $e^{-i\mathfrak{k}\cdot\mathfrak{r}_L}$ ist nämlich mit allen Größen des Hamilton-Operators H (3.1) vertauschbar bis auf den Impuls $\mathfrak{p}_L$ des Leuchtatoms, das den Impuls $-\mathfrak{k}$ aufnimmt:

$$e^{i\mathfrak{k}\cdot\mathfrak{r}_L}\mathfrak{p}_L e^{-i\mathfrak{k}\cdot\mathfrak{r}_L} = \mathfrak{p}_L - \mathfrak{k}. \quad (3.5)$$

Also ist [7]

$$e^{i\mathfrak{k}\cdot\mathfrak{r}_L}H e^{-i\mathfrak{k}\cdot\mathfrak{r}_L} = H - \frac{1}{m_L}\mathfrak{k}\cdot\mathfrak{p}_L + \frac{1}{2m_L}\mathfrak{k}^2 \quad (3.6)$$

und

$$\Delta E = -\frac{1}{m_L}(\psi_i, \mathfrak{k}\cdot\mathfrak{r}_L\psi_i) + \frac{1}{2m_L}k^2.$$

Wenn ψ_i Eigenzustand von H ist, ist $(\psi_i, \mathfrak{p}_L\psi_i) = 0$ *[7]. Dann ist die vom Gitter im Mittel aufgenommene Energie gleich derjenigen Rückstoßenergie

$$R = \frac{1}{2m_L}k^2, \quad (3.7)$$

---

* Der Beweis läuft kurz folgendermaßen: Nach Voraussetzung besitzt H ein reines Punktspektrum. Die Matrixelemente von $\mathfrak{r}_L$ sind endlich. Weiterhin habe H die Form (3.1), besitze also insbesondere keine geschwindigkeitsabhängigen Kräfte. Dann ist $(\Phi_i, \mathfrak{p}_L\Phi_i) = im_L(\Phi_i, \{H\mathfrak{r}_L - \mathfrak{r}_L H\}\Phi_i) = im_L(\Phi_i, \{E_i\mathfrak{r}_L - \mathfrak{r}_L E_i\}\Phi_i) = 0$.
[6] $\Psi(t)$ ist die Lösung eines zeitabhängigen Problems mit dem Hamilton-Operator $\widetilde{H} = H + \mathfrak{k}\cdot\mathfrak{r}_L\delta(t)$. Das zeitabhängige Glied beschreibt eine spontane Impulsübertragung zur Zeit $t = 0$. Für den Fall eines einzelnen harmonischen Oszillators wurde das Problem vollständig von G. LUDWIG, Z. Physik **130**, 468 (1951), gelöst. Die folgenden Rechnungen stellen nur eine Verallgemeinerung dar (vgl. auch l. c. [18]).
[7] WICK, G. C.: Phys. Rev. **94**, 1228 (1954).

die ein anfangs ruhendes, freies Gasatom bei der Emission erhalten würde[8]. Setzt man die Werte des betrachteten Beispiels Fe^{57} ein, so erhält man $R = 0{,}002$ eV. Das ist klein gegen die Gitterenergien, womit die Näherungsannahme für das Potential gerechtfertigt ist.

Um nun zu untersuchen, wie die Gitterbausteine durch die γ-Emission beeinflußt werden, betrachte man den Operator

$$\mathfrak{x}_r(t) = e^{iHt}\,\mathfrak{x}_r\,e^{-iHt}, \tag{3.8}$$

der im Heisenberg-Bild für $t<0$, d.h. vor der γ-Emission die Bewegung des r-ten Atoms beschreibt, und den Operator

$$Q_r(t) = e^{it\mathfrak{k}_L}\,e^{iHt}\,\mathfrak{x}_r\,e^{-iHt}\,e^{-it\cdot\mathfrak{k}_L} = e^{it\cdot\mathfrak{k}_L}\,\mathfrak{x}_r(t)\,e^{-it\cdot\mathfrak{k}_L}, \tag{3.9}$$

der für $t>0$, d.h. nach der γ-Emission die entsprechende Bewegung darstellt. Die Differenz der beiden Operatoren

$$\xi_r(t) = Q_r(t) - \mathfrak{x}_r(t) \tag{3.10}$$

stellt die durch die γ-Emission bedingte Auslenkung dar, wie man sich durch Betrachtung der Matrixelemente $(\psi_i, \xi_r(t)\,\psi_i) = (e^{-iHt}\,\psi_f,\,\mathfrak{x}_r\,e^{-iHt}\,\psi_f) - (e^{-iHt}\,\psi_i,\,\mathfrak{x}_r\,e^{-iHt}\,\psi_i)$ veranschaulichen mag.

Einige Eigenschaften von $\xi_r(t)$ kann man aus den klassischen Bewegungsgleichungen des Kristalls

$$m_r\ddot{\mathfrak{z}}_r = -\mathrm{grad}_r\,V(\mathfrak{z}_1, \ldots, \mathfrak{z}_N) \tag{3.11}$$

ableiten. Diesen Differentialgleichungen genügen sowohl $\mathfrak{x}_r(t)$ als auch $Q_r(t)$ [denn dieses ist zu $\mathfrak{x}_r(t)$ unitär äquivalent]. Weil in der betrachteten Näherung die Kräfte harmonisch sind, das Potential als *bilinear* in den Koordinaten ist, ist das Gleichungssystem (3.11) linear, so daß immer die Summe oder Differenz zweier Lösungen wieder eine Lösung ist. Also erfüllt auch $\xi_r(t)$ wegen der Form (3.10) die Gleichungen. Dessen Anfangswerte

$$\xi_r(0) = 0; \qquad \dot{\xi}_r(0) = -\frac{1}{m_L}\,\mathfrak{k}\,\delta_{rL} \tag{3.12}$$

sind c-Zahlen, und da jene bereits die Lösung vollkommen bestimmen, ist $\xi_r(t)$ für alle Zeiten t eine c-Zahl.

Weiterhin ist $\xi_r(t)$ eine antisymmetrische Funktion. Denn weil in (3.11) nur zweite Ableitungen nach der Zeit vorkommen, ist $\xi_r(-t)$ und damit $\varrho_r(t) = \xi_r(t) + \xi_r(-t)$ eine Lösung von (3.11). Die

---

[8] STEINWEDEL, H., u. J. H. D. JENSEN: Z. Naturforsch. 2a, 125 (1947). — LIPKIN, H. J.: Annals of Physics. 9, 332 (1960).

Anfangswerte $\varrho_r(0)$ und $\dot\varrho_r(0)$ verschwinden für alle r, woraus $\varrho_r(0) \equiv 0$ und $\xi_r(t) = -\xi_r(-t)$ folgt.

Der c-Zahl-Charakter von $\xi_r(t)$ bedeutet, daß die Bewegungsänderung der Gitterbausteine vom Gitterzustand unabhängig ist*. Aus den Anfangswerten (3.12) ersieht man, daß das Leuchtatom zuerst ausgelenkt wird. Wie man es erwartet, wenn das Atom den Rückstoßimpuls aufnimmt, ist für kleine Zeiten $\xi_L(t) = -\frac{\mathfrak{k}}{m_L} t$. Die anderen $\xi_r(t)$ verschwinden mindestens wie t^3. [Wegen der Antisymmetrie von $\xi_r(t)$ kommt ein Glied $\propto t^2$ nicht vor.] Das bedeutet, daß das r-te Atom erst später, nachdem das Leuchtatom den Impuls über die Gitterkräfte weitergegeben hat, seinen Bewegungszustand ändert. Durch den Kristall geht eine Stoßwelle, die sich mit Schallgeschwindigkeit ausbreitet und erst nach einer gewissen Zeit die einzelnen Gitterbausteine erreicht. Bei einem unendlich großen Kristall läuft die Stoßwelle ins Unendliche weiter und kehrt nicht zurück. Die Auslenkungen $\xi_r(t)$ werden dann mit der Zeit abklingen. Für einen Kristall mit einem Debye-Spektrum ist, wie im nächsten Paragraphen hergeleitet wird, z. B. für das Leuchtatom

$$\xi_L(t) = -\frac{3\mathfrak{k}}{m\,\omega_g} \frac{1}{(\omega_g t)^2} \{\sin \omega_g t - \omega_g t \cos \omega_g t\}. \qquad (3.13)$$

Je höher die Debye-Temperatur $\Theta = \omega_g/\varkappa$ ist, je fester also die Teilchen des Gitters aneinandergekoppelt sind, um so schneller klingen die Schwingungen ab. Die Grenzfrequenz ω_g und damit Θ sind ein Maß für die Relaxationszeit im Kristall: $\tau_{\text{rel}} = \frac{1}{\omega_g} = \frac{1}{\varkappa \Theta}$. Aus (3.13) kann man noch die maximale Auslenkung abschätzen:

$$|\xi_r(t)| < \frac{3}{2} \frac{k}{m\,\omega_g} = \frac{3}{k} \frac{R}{\varkappa \Theta} \qquad (3.14)$$

die für das erwähnte Beispiel von Fe^{57} recht klein ist.

Aus der c-Zahl-Eigenschaft von $\xi_r(t)$ kann man noch schließen, daß die Wellenpakete der Gitterbausteine durch die γ-Emission in ihrer Form nicht beeinflußt werden, nur die Schwerpunkte der einzelnen Teilchen führen eine zusätzliche, durch $\xi_r(t)$ gegebene Bewegung aus. Zunächst schließt man aus der c-Zahl Eigenschaft

---

* Dieses Ergebnis hat ein einfaches klassisches Analogon: Wenn der klassische Oszillator $x(t) = x_0 \cos \omega t + p_0/m\omega \cdot \sin \omega t$ zur Zeit $t=0$ den Impuls $-k$ aufnimmt, lautet die Bewegung für $t>0$: $\tilde x(t) = x(t) - k/m\omega \times \sin \omega t$. Die $x(t)$ überlagerte Bewegung $-k/m\omega \sin \omega t$ ist von den Anfangswerten x_0, p_0 unabhängig.

von $\xi_r(t)$ mit (3.10) und (3.8):
$$Q_r(t) = e^{iHt}(\mathfrak{x}_r + \xi_r(t))e^{-iHt}. \tag{3.15}$$
Für jede beliebige Operatorfunktion $f(\mathfrak{x}_1, \ldots, \mathfrak{x}_N)$ gilt daher:
$$\left.\begin{aligned}&(e^{-iHt}e^{-it\cdot\mathfrak{x}_L}\psi, f(\mathfrak{x}_1, \ldots, \mathfrak{x}_N)e^{-iHt}e^{-it\cdot\mathfrak{x}_L}\psi)\\&= (\psi, f(Q_1(t), \ldots, Q_N(t))\psi)\\&= (e^{-iHt}\psi, f(\mathfrak{x}_1 + \xi_1(t), \ldots, \mathfrak{x}_N + \xi_N(t))e^{-iHt}\psi).\end{aligned}\right\} \tag{3.16}$$
Bezeichnet man den Hilbert-Raumvektor $e^{-iHt}\psi$ in der Ortsdarstellung mit $\psi_i(\mathfrak{x}_1, \ldots, \mathfrak{x}_N, t)$ und $e^{-iHt}e^{-it\mathfrak{x}_L}\psi$ mit $\psi_f(\mathfrak{x}_1, \ldots, \mathfrak{x}_N, t)$, so schreibt sich (3.16)

$$\int |\psi_f(\mathfrak{x}_1, \ldots, \mathfrak{x}_N, t)|^2 f(\mathfrak{x}_1, \ldots, \mathfrak{x}_N)\, d^3x_1 \ldots d^3x_N$$
$$= \int |\psi_i(\mathfrak{x}_1, \ldots, \mathfrak{x}_N, t)|^2 f(\mathfrak{x}_1 + \xi_1(t), \ldots, \mathfrak{x}_N + \xi_N(t))\, d^3x_1 \ldots d^3x_N$$
$$= \int |\psi_i(\mathfrak{x}_1 - \xi_1(t), \ldots, \mathfrak{x}_N - \xi_N(t), t)|^2 f(\mathfrak{x}_1, \ldots, \mathfrak{x}_N)\, d^3x_1 \ldots d^3\mathfrak{x}_N.$$

Daraus folgt, weil f eine willkürliche Funktion ist
$$|\psi_f(\mathfrak{x}_1, \ldots, \mathfrak{x}_N, t)|^2 = |\psi_i(\mathfrak{x}_1 - \xi_1(t), \ldots, \mathfrak{x}_N - \xi_N(t), t)|^2. \tag{3.17}$$
Diese Relation stellt die Behauptung dar. Wenn speziell ψ ein Eigenvektor von H ist, ist die Verteilung der Aufenthaltswahrscheinlichkeit der Gitterteilchen vor der γ-Emission $|\psi_i(\mathfrak{x}_1, \ldots, \mathfrak{x}_N)|^2$ zeitunabhängig und $|\psi_f(\mathfrak{x}_1, \ldots, \mathfrak{x}_N, t)|^2$ stellt Wellenpakete dar, die hin und her schwingen, ihre Form aber zu allen Zeiten behalten [9].

Zum Schluß dieses Paragraphen soll noch gezeigt werden, daß sich die Bestimmung von $\xi_r(t)$ vollkommen auf die ungestörte Bewegung des Leuchtatoms zurückführen läßt. Aus der Linearität der Differentialgleichungen (3.11) folgt, daß mit $\mathfrak{x}_r(t)$ auch $i[\mathfrak{k}\cdot\mathfrak{x}_L, \mathfrak{x}_r(t)]$ eine Lösung ist. Da der Kommutator die gleichen Anfangswerte wie $\xi_r(t)$ (3.12) besitzt, muß
$$\xi_r(t) = i[\mathfrak{k}\cdot\mathfrak{x}_L, \mathfrak{x}_r(t)]$$
sein. Weil $\xi_r(t)$ eine c-Zahl ist, ist
$$\xi_r(t) = e^{-iHt}\xi_r(t)e^{iHt} = i[\mathfrak{k}\cdot\mathfrak{x}_L(-t), \mathfrak{x}_r] \tag{3.18}$$
und aus der Antisymmetrie in t folgt schließlich
$$\xi_r(t) = -i[\mathfrak{k}\cdot\mathfrak{x}_L(t), \mathfrak{x}_r]. \tag{3.19}$$
In den Relationen (3.18) und (3.19) geht nur die Zeitabhängigkeit des Leuchtatoms ein.

---

[9] Solch ein Wellenpaket wurde für einen einzelnen Oszillator zuerst von E. Schrödinger, Naturwissenschaften **14**, 664 (1926), konstruiert.

§ 4. Die Eigenschwingungen des Kristalls

Jede Bewegung der Gitterbausteine läßt sich als eine Überlagerung von Eigenschwingungen darstellen. Wenn man weiß, wie die Amplituden der Eigenschwingungen durch die γ-Emission verändert werden, kann man daraus auf die Bewegungsänderung der Gitterbausteine schließen, wie das schon in (3.13) angedeutet wurde. Aber auch zur Darstellung vieler anderer Fragen sind die Eigenschwingungen bequem und angemessen. Daher sollen sie jetzt eingeführt werden, wobei zunächst kurz ihre wichtigsten Eigenschaften zusammengestellt werden[10].

Man bezieht im $3N$-dimensionalen Konfigurationsraum $\mathfrak{K}$ der Gitterteilchen alle Größen auf eine Basis — die Eigenschwingungen des Kristalls —, die so gewählt ist, daß der Hamilton-Operator H in $\mathfrak{K}$ diagonal wird. Die insgesamt $3N$ Eigenschwingungen bilden in diesem Raum ein vollständiges Orthonormalsystem. Die α-te Eigenschwingung mit der Eigenfrequenz ω_α besitze in $\mathfrak{K}$ die Koordinaten $\varphi^\alpha_{r,j}$, wobei r über alle Teilchenzahlen und $j = 1, 2, 3$ läuft, entsprechend den drei Komponenten der Auslenkungen $\mathfrak{u}_r$ der Atome. Die Orthogonalitätsrelationen der Normalschwingungen lauten dann

$$\sum_{r=1}^{N}\sum_{j=1}^{3}\varphi^\alpha_{r,j}\,\varphi^{\alpha'}_{r,j}=\delta_{\alpha\alpha'};\quad \sum_{\alpha=1}^{3N}\varphi^\alpha_{r,j}\,\varphi^\alpha_{r',j'}=\delta_{rr'}\,\delta_{jj'}. \tag{4.1}$$

Die drei Größen $\varphi^\alpha_{r,1}$, $\varphi^\alpha_{r,2}$, $\varphi^\alpha_{r,3}$ werden im folgenden durch den Vektor φ^α_r symbolisiert.

Die φ^α_r haben beim primitiven (unendlichen) Gitter die Form

$$\varphi^\alpha_r = \begin{Bmatrix} \sqrt{\dfrac{2}{N}}\,\mathfrak{e}^\alpha \cos \mathfrak{q}^\alpha \cdot \mathfrak{y}_r \\ \sqrt{\dfrac{2}{N}}\,\mathfrak{e}^\alpha \sin \mathfrak{q}^\alpha \cdot \mathfrak{y}_r, \end{Bmatrix} \tag{4.2}$$

wobei $\mathfrak{q}^\alpha$ den Wellenvektor der α-ten Gitterschwingung und der Einheitsvektor $\mathfrak{e}^\alpha$ deren Polarisationsrichtung angibt. Da in einem primitiven Gitter kein Atom ausgezeichnet ist, hängt $\mathfrak{e}^\alpha$ nicht von r ab. Zu jedem Vektor $\mathfrak{q}$ gibt es drei zueinander orthogonale Polarisationsrichtungen $\mathfrak{e}^{\mathfrak{q},j}$ ($j = 1, 2, 3$). Manchmal ist es bequem, die Eigenschwingungen (4.2) paarweise komplex zusammenzufassen und

---

[10] Eine ausführliche Darstellung findet man z.B. in G. LEIBFRIED: Gittertheorie der mechanischen und thermischen Eigenschaften der Kristalle. In Handbuch der Physik, Bd. 7/1, S. 156ff. Berlin 1955.

in neuer Indizierung
$$\widetilde{\varphi}_r^{q,j} = \frac{1}{\sqrt{N}} e^{q,j} e^{i q \cdot \mathfrak{y}_r} \tag{4.3}$$

zu schreiben. Ohne Einschränkung der Allgemeinheit kann hierbei die Ruhelage $\mathfrak{y}_L$ des emittierenden Atoms als Nullpunkt des Koordinatensystems gewählt werden.

Wegen der Vollständigkeit der φ_r^α in $\mathfrak{K}$ kann man die Lagevektoren und Impulse der Gitterteilchen nach Eigenschwingungen entwickeln:

$$\mathfrak{x}_r = \mathfrak{y}_r + \mathfrak{u}_r = \mathfrak{y}_r + \sum_\alpha \sqrt{\frac{1}{2 m_r \omega_\alpha}} (a_\alpha^* + a_\alpha) \varphi_r^\alpha \tag{4.4}$$

$$\mathfrak{p}_r = i \sum_\alpha \sqrt{\frac{m_r \omega_\alpha}{2}} (a_\alpha^* - a_\alpha) \varphi_r^\alpha. \tag{4.5}$$

Die Entwicklungskoeffizienten nennt man die Normalkoordinaten. Dabei stellt in (4.4) $\sqrt{\frac{1}{2 m_r \omega_\alpha}} (a_\alpha^* + a_\alpha)$ die Amplitude der α-ten Normalschwingung am Ort des r-ten Atoms dar. Die Koeffizienten $i\sqrt{\frac{m_r \omega_\alpha}{2}} (a_\alpha^* - a_\alpha)$ in (4.5) beschreiben die Impulsamplitude der α-ten Normalschwingung. Aus den Vertauschungsrelationen der $\mathfrak{x}_r$ und $\mathfrak{p}_s$ folgen die der a_α und a_α^*:

$$[a_\alpha, a_\beta^*] = \delta_{\alpha\beta}; \quad [a_\alpha, a_\beta] = [a_\alpha^*, a_\beta^*] = 0. \tag{4.6}$$

Stellt man den Hamilton-Operator durch Normalkoordinaten dar, so separiert er vollständig in eine Summe harmonischer Oszillatoren

$$H = \sum_\alpha \omega_\alpha (a_\alpha^* a_\alpha + \tfrac{1}{2}). \tag{4.7}$$

Daraus ist ersichtlich, daß sich die Eigenwerte additiv aus den Energien der Oszillatoren zusammensetzen

$$E_j = \sum_\alpha (n_\alpha + \tfrac{1}{2}) \omega_\alpha \tag{4.8}$$

und die Eigenvektoren Φ_j von H Produkte von Oszillatorfunktionen sind

$$\Phi_j = \prod_{\alpha=1}^{3N} \chi_{n_\alpha}^\alpha \quad \text{mit} \quad \chi_{n_\alpha}^\alpha = \frac{1}{\sqrt{n_\alpha!}} (a_\alpha^*)^{n_\alpha} \chi_0. \tag{4.9}$$

Die Eigenfunktionen Φ_j stellen also Zustände dar, in denen sich die α-te Eigenschwingung in der n_α-ten Anregungsstufe, dargestellt durch $\chi_{n_\alpha}^\alpha$, befindet. Der Grundzustand χ_0 wird durch die Operatoren a_α auf den Nullvektor des Hilbert-Raumes abgebildet

$$a_\alpha \chi_0 = 0. \tag{4.10}$$

Nach diesen Vorbemerkungen ist es nicht schwer, den Heisenberg-Operator (3.8) durch Normalschwingungen darzustellen. Mit (4.6), (4.7) zeigt man aus (4.4)*

$$\mathfrak{x}_r(t) = e^{iHt}\mathfrak{x}_r e^{-iHt} = \mathfrak{y}_r + \sum_\alpha \sqrt{\frac{1}{2m_r\omega_\alpha}}(a_\alpha^* e^{i\omega_\alpha t} + a_\alpha e^{-i\omega_\alpha t})\,\varphi_r^\alpha. \quad (4.11)$$

Damit kann man dann aus (3.19) die durch die γ-Emission hervorgerufenen Auslenkungen $\xi_r(t)$ der Gitterbausteine als Überlagerung von Normalschwingungen berechnen:

$$\xi_r(t) = -\sum_\alpha \frac{1}{\sqrt{m_L m_r}}(\mathfrak{k}\cdot\varphi_L^\alpha)\frac{1}{\omega_\alpha}\sin(\omega_\alpha t)\,\varphi_r^\alpha. \quad (4.12)$$

Wenn der Kristall sehr groß ist, liegen die Eigenfrequenzen ω_α sehr dicht, und die Summation über α kann durch ein Integral über eine Spektralfunktion $\sigma(\omega)$ ersetzt werden, wobei $3N\sigma(\omega)\,d\omega$ die Zahl der Oszillatoren angibt, die eine Frequenz zwischen ω und $\omega+d\omega$ besitzen. Es ist plausibel anzunehmen, daß der Kristall eine größte Frequenz ω_g besitzt, oberhalb der also $\sigma(\omega)$ verschwindet. Die Integration über ω geht damit nur über einen endlichen Bereich. Da es insgesamt $3N$ Oszillatoren gibt, lautet die Normierung von $\sigma(\omega)$

$$\int_0^{\omega_g}\sigma(\omega)\,d\omega = 1. \quad (4.13)$$

Für kleine Frequenzen verhält sich

$$\sigma(\omega) \propto \omega^2 \quad (4.14)$$

wie man aus dem bekannten T^3-Gesetz der spezifischen Wärme schließt. Speziell ist im Debye-Modell

$$\sigma_D(\omega) = 3\,\frac{\omega^2}{\omega_g^3}. \quad (4.15)$$

Nun führen wir noch den bei festem ω gebildeten Mittelwert von $N(\mathfrak{k}\cdot\varphi_L^\alpha)\,\varphi_r^\alpha$ ein und definieren

$$N(\mathfrak{k}\cdot\varphi_L(\omega))\,\varphi_r(\omega)\,d\omega = \frac{1}{3N\sigma(\omega)}\sum_{\alpha\in d\omega}N(\mathfrak{k}\cdot\varphi_L^\alpha)\,\varphi_r^\alpha. \quad (4.16)$$

Die Summation erstreckt sich über alle α, für die $\omega<\omega_\alpha<\omega+d\omega$ gilt. Mit (4.2) bzw. (4.3) zeigt man leicht, daß $N(\mathfrak{k}\cdot\varphi_L(\omega))\,\varphi_r(\omega)$ im

---

* Bei der Berechnung unitärer Transformationen von Operatoren ist oft die Relation $e^{iA}Be^{-iA} = B + i[A,B] + \frac{i^2}{2!}[A,[A,B]] + \cdots$ nützlich.

Fall eines primitiven Gitters beschränkte Funktionen sind. Im folgenden soll dieses als allgemein erfüllt und überdies $N(\mathfrak{k} \cdot \varphi_L(\omega)) \times \varphi_r(\omega)\, \sigma(\omega)$ als stückweise glatt angenommen werden.

Für einen unendlichen Kristall kann man nunmehr $\xi_r(t)$ folgendermaßen schreiben:

$$\xi_r(t) = -\frac{3}{\sqrt{m_r m_L}} \int_0^{\omega_g} N(\mathfrak{k} \cdot \varphi_L(\omega))\, \varphi_r(\omega) \sin(\omega t)\, \frac{\sigma(\omega)}{\omega}\, d\omega. \quad (4.17)$$

Mit obigen Voraussetzungen über den Integranden folgt aus dem Riemann-Lebesgueschen Lemma, daß $\xi_r(t)$ für große Zeiten wie t^{-1} verschwindet. Die Gitterbausteine würden auch dann noch in ihre Ausgangslage zurückkehren, wenn $N(\mathfrak{k} \cdot \varphi_L(\omega))\, \varphi_r(\omega)\, \sigma(\omega)$ nicht das Verhalten (4.14) haben würde, sondern nur $\propto \omega$ für kleine ω verschwindet. Dagegen würden endliche Verrückungen zurückbleiben, wenn es für kleine ω gegen eine Konstante streben würde. Der Kristall wäre deformiert. Doch dann gäbe es auch keine rückstoßfreie γ-Emission, wie wir später sehen werden. Im Einstein-Modell ist $\sigma(\omega) = \delta(\omega_0)$ und daher $\xi_r(t)$ periodisch, so daß sich keine Gleichgewichtslage des Schwerpunkts der Gitteratome einstellen könnte. Dieses Modell widerspricht allerdings obigen Voraussetzungen über $\sigma(\omega)$ und ist daher auszuschließen.

Aus (4.17) erhält man speziell den im vorigen Paragraphen angegebenen Ausdruck (3.13) für $\xi_L(t)$ im Debye-Modell. Man setze in (4.17) $r = L$, benutze für $\varphi_L(\omega)$ die Ausdrücke (4.2) bzw. (4.3) ($\mathfrak{y}_L = 0$) und für $\sigma(\omega)$ (4.15). Schließlich nutze man noch die kubische Kristallstruktur des Modells aus, weshalb man entsprechend der Definition (4.16)

$$(\mathfrak{k} \cdot \mathfrak{e}(\omega))\, \mathfrak{e}(\omega) = \tfrac{1}{3} \mathfrak{k} \quad (4.18)$$

setzen kann. Dann kann man die Integration ausführen mit dem Ergebnis (3.13).

In den Darstellungen von $\xi_r(t)$ tritt unter der Summe (4.12) bzw. dem Integral (4.17) ein Faktor $1/\omega$ auf, wodurch eine Eigenschwingung kleiner Frequenz ein stärkeres Gewicht bekommt, als eine großer Frequenz. Dieser Faktor, der im Prinzip schon in (4.4) auftritt, besagt, daß ein schwach angekoppeltes Teilchen beweglicher ist als ein stark gebundenes. Dieselbe Aussage ist, daß eine Eigenschwingung mit kleinem ω leichter ihren Schwingungszustand ändert, als eine mit großem ω.

Um das formelmäßig zu zeigen, müssen wir den Zustand einer Eigenschwingung nach der γ-Emission untersuchen. Wenn der Anfangszustand des Gitters ein Energieeigenzustand ist, lautet der Endzustand nach (3.3) mit (4.4), (4.9) [unter Beachtung von (4.6)]

$$\psi_f = \prod_\alpha \exp\left\{-i\,\frac{\mathfrak{k}\cdot\varphi_L^\alpha}{\sqrt{2m_L\omega_\alpha}}(a_\alpha^* + a_\alpha)\right\}\chi_{n_\alpha}^\alpha. \qquad (4.19)$$

Der Zustand einer Eigenschwingung nach der γ-Emission ist also durch

$$\chi_f^\alpha = \exp\left\{-i\,\frac{\mathfrak{k}\cdot\varphi_L^\alpha}{\sqrt{2m_L\omega_\alpha}}(a_\alpha^* + a_\alpha)\right\}\chi_{n_\alpha}^\alpha \qquad (4.20)$$

gegeben.

Man zeigt genau wie in (3.7), daß der Oszillator im Mittel die Energie

$$(\chi_f^\alpha, \omega_\alpha(a_\alpha^* a_\alpha + \tfrac{1}{2})\chi_f^\alpha) - (\chi_{n_\alpha}^\alpha, \omega_\alpha(a_\alpha^* a_\alpha + \tfrac{1}{2})\chi_{n_\alpha}^\alpha) = \frac{(\mathfrak{k}\cdot\varphi_L^\alpha)^2}{2m_L} = r_\alpha \qquad (4.21)$$

aufgenommen hat. Setzt man für φ_L^α die Ausdrücke (4.2) bzw. (4.3) ein ($\mathfrak{y}_L = 0$), so sieht man, daß beim primitiven Gitter r_α von ω unabhängig ist. Abgesehen vom Einfluß der Polarisation der Eigenschwingungen wird also die vom Gitter aufgenommene Energie gleichmäßig auf alle Oszillatoren verteilt, wobei ein einzelner verschwindend wenig $\left(r_\alpha \propto \frac{1}{N}\right)$ aufnimmt.

Die Wahrscheinlichkeit, daß der Oszillator in die m-te Anregungsstufe* übergegangen ist und dabei $s = m - n$ Phononen absorbiert ($s > 0$) bzw. emittiert ($s < 0$) hat, ist, wie im Anhang B gezeigt wird[6]**

$$\Omega_{s,n}(z^2) = |(\chi_m, \chi_f)|^2 = \begin{array}{l}\dfrac{n!}{(n+s)!}\,e^{-z^2}z^{2s}[L_n^s(z^2)]^2 \quad \text{für } s > 0 \\[2mm] \dfrac{(n-|s|)!}{n!}\,e^{-z^2}z^{2|s|}[L_{n-|s|}^{|s|}(z^2)]^2 \quad \text{für } s < 0\end{array}\right\} \qquad (4.22)$$

Dabei bedeutet

$$z = \frac{(\mathfrak{k}\cdot\varphi_L)}{\sqrt{2m_L\omega}}\,;\quad z^2 = \frac{r}{\omega} \qquad (4.23)$$

und L_n^s sind die Laguerreschen Polynome[11]

$$L_n^s(x) = \sum_{m=0}^n \binom{n+s}{m}\frac{(-x)^{n-m}}{(n-m)!}. \qquad (4.24)$$

---

* Bei der Betrachtung eines einzelnen Oszillators lassen wir den Index α fort.
** Die $\Omega_{s,n}(z^2)$ sind als Wasserstoff-Eigenfunktionen wohlbekannt.
[11] SANSONSE, G.: Orthogonal Functions. New York 1959.

Dieses Ergebnis hat einige merkwürdige Eigenschaften. So ist die größte Übergangswahrscheinlichkeit nicht durch $s \approx z^2$ gegeben, wie man aus Resonanzgründen erwarten würde. Es wird nicht die im Mittel auf den Oszillator übertragene Energie bevorzugt durch einen einzigen Übergang absorbiert. Vielmehr treten im allgemeinen mehrere Maxima von $\Omega_{s,n}(z^2)$ als Funktion von s auf, z.B. für $n=1$ gibt es deren zwei an den Stellen $z^2 - \frac{3}{2} + \sqrt{2z^2 + \frac{1}{4}} < s < z^2 + \sqrt{2z^2}$ und $z^2 - \frac{3}{2} - \sqrt{2z^2 + \frac{1}{4}} < s < z^2 - \sqrt{2z^2}$. Nur für $n=0$, wo $\Omega_{s,0}$ eine Poisson-Verteilung ist, liegt das Maximum bei $s \approx z^2$. Dann wird die auf den Oszillator übertragene Energie bevorzugt durch einen bestimmten Quantensprung aufgenommen.

Beim Kristall wirken sich diese Eigenschaften nicht aus, da wegen $r \propto \frac{1}{N} z^2 \ll 1$ ist. Dann geben im wesentlichen nur die ein-Phonon-Absorption bzw. Emission und $\Omega_{0,n}$, das den Mößbauer-Effekt bei einem einzelnen Oszillator beschreibt, einen wesentlichen Beitrag.

$$\left.\begin{array}{l} \Omega_{0,n} = 1 - (2n+1)\frac{(\mathfrak{k}\cdot\varphi_L)^2}{2m_L\omega}, \\ \Omega_{1,n} = (n+1)\frac{(\mathfrak{k}\cdot\varphi_L)^2}{2m_L\omega}, \\ \Omega_{-1,n} = n\frac{(\mathfrak{k}\cdot\varphi_L)^2}{2m_L\omega}. \end{array}\right\} \quad (4.25)$$

Hiernach ist die Wahrscheinlichkeit, daß eine Eigenschwingung des Kristalls ihren Zustand ändert, umgekehrt proportional zu ω. Sie ist aber auch proportional zur bereits angeregten Stufe. Die Anregung eines Oszillators wirkt also wie eine Erweichung der Kopplung. Das wird auch deutlich, wenn der Kristall vor der Emission nicht in einem bestimmten Zustand war, sondern sich in einem Temperaturgleichgewicht befand.

Da die Oszillatoren des Kristalls nicht aneinandergekoppelt sind, können sie statistisch unabhängig behandelt werden. Es besitzt also jeder einzelne Oszillator die Temperatur T. Dann ist die Wahrscheinlichkeit, daß sich der Oszillator im Zustand χ_n befindet

$$\left(1 - e^{-\frac{\omega}{\varkappa T}}\right) e^{-\frac{n\omega}{\varkappa T}}; \quad (4.26)$$

$\varkappa$ ist die Boltzmann-Konstante. Mittelt man (4.22) mit dem Boltzmann-Faktor (4.26) als Gewichte, so erhält man die Wahrscheinlichkeit $\Omega_s(z^2, T)$ dafür, daß ein Oszillator der Temperatur T s-Phononen bei der γ-Emission absorbiert. Nach den Ergebnissen des

Anhanges B ist[12]

$$\begin{aligned}\Omega_s(z^2, T) &= \sum_{n=\text{Max}\{0,-s\}} \left(1 - e^{-\frac{\omega}{\varkappa T}}\right) e^{-\frac{n\omega}{\varkappa T}} \Omega_{s,n}(z^2) \\ &= \exp\left\{\frac{s\omega}{2\varkappa T} - z^2\left[1 + \frac{2}{e^{\omega/\varkappa T}-1}\right]\right\} I_s\left(\frac{z^2}{\sinh \omega/2\varkappa T}\right),\end{aligned} \quad (4.27)$$

wobei $I_s(y)$ die modifizierten Bessel-Funktionen (Bessel-Funktionen von imaginärem Argument) sind.

Diese Wahrscheinlichkeitsverteilung hat eine wesentlich einfachere Struktur als (4.22). Sie besitzt nur ein Maximum, das praktisch von der Temperatur unabhängig ist und etwa mit dem Schwerpunkt der Verteilung $\sum_{s=-\infty}^{+\infty} s\Omega_s = z^2 = r/\omega$ übereinstimmt. Sie zeigt also die erwartete Resonanzstruktur. Für hohe Temperaturen ($\varkappa T z^2 \gg \omega$) geht sie in eine Gauß-Verteilung über (s. Anhang B)

$$\Omega_s(z^2, T) \approx \frac{\omega}{\sqrt{4\pi\varkappa T z^2 \omega}} e^{-\frac{(s\omega-z^2\omega)^2}{4\varkappa T z^2 \omega}} = \frac{\omega}{\sqrt{4\pi\varkappa T r}} e^{-\frac{(s\omega-r)^2}{4\varkappa T r}}. \quad (4.28)$$

Wenn man davon absieht, daß $s = 0, \pm 1, \ldots$ eine diskrete Variable ist, stellt (4.28) das Rückstoßspektrum eines freien Gases dar, dessen Breite durch die Doppler-Verbreiterung bestimmt ist.

Bei Kristallen ist wegen $z^2 \propto \frac{1}{N\omega}$ die Bedingung $\varkappa T z^2 \gg \omega$ nie erfüllt. Vielmehr ist $z^2 \ll \sinh\frac{\omega}{2\varkappa T}$ und daher erhält man für sie aus (4.27) näherungsweise wieder die Wahrscheinlichkeitsverteilung (4.25), nur mit $\bar{n}$ statt n, wobei

$$\bar{n} = \frac{1}{e^{\omega/\varkappa T}-1} \quad (4.29)$$

die mittlere Anregungsstufe des Oszillators bedeutet. Die Bemerkung zu (4.25) überträgt sich sinngemäß. Man kann also sagen, daß eine Temperaturerhöhung eine Schwächung der Bindung bewirkt.

§ 5. Das Energiespektrum der γ-Quanten

Nachdem das Verhalten der einzelnen Gitterbausteine und Eigenschwingungen bei der γ-Emission untersucht wurde, soll jetzt der ganze Kristall betrachtet werden. Insbesondere soll die Wahrscheinlichkeit $w(E)\,dE$, daß der Kristall die Energie E aufgenommen hat, berechnet werden. Dann kennt man auch das Energiespektrum der

---
[12] Den Fall $s = 0$ hat H. OTT, Annalen der Physik **23**, 169 (1935), berechnet.

γ-Quanten; denn $w(E)\,dE$ ist wegen der Erhaltung der Energie gleich der Wahrscheinlichkeit, ein γ-Quant der Energie $E_\gamma = E_0 - E$ zu finden*.

Da der Kristall aus $3N$ unabhängigen Oszillatoren besteht, ist die aufgenommene Energie E gleich der Summe der von den einzelnen Oszillatoren absorbierten Energie

$$E = \sum_\alpha s_\alpha \omega_\alpha. \qquad (5.1)$$

Die lineare Abhängigkeit der Energie E von den Oszillatorenergien gestattet, die Wahrscheinlichkeitsverteilung $w(E)$ leicht zu berechnen, wenn man einige Ergebnisse und Methoden der Statistik benutzt[13]. Danach ordnet man einer Wahrscheinlichkeitsverteilung ein-eindeutig eine charakteristische Funktion zu, die die Fourier-Transformierte jener Verteilung ist. Die der Verteilung Ω_{s_α} (4.27) zugeordnete charakteristische Funktion der statistischen Variablen $s_\alpha \omega_\alpha$ lautet**

$$\left.\begin{aligned} f_\alpha(t) &= \sum_{s=-\infty}^{+\infty} e^{-it s \omega_\alpha} \Omega_s(z_\alpha^2, T) \\ &= \exp\{-z_\alpha^2[1+2\bar{n}_\alpha] + z_\alpha^2[1+\bar{n}_\alpha]e^{-it\omega_\alpha} + z_\alpha^2 \bar{n}_\alpha e^{it\omega_\alpha}\}, \end{aligned}\right\} \quad (5.2)$$

wobei die Summation mit Hilfe der erzeugenden Funktion der Bessel-Funktionen $e^{\frac{1}{2}(t+\frac{1}{t})y} = \sum_{s=-\infty}^{+\infty} t^s I_{|s|}(y)$ ausgeführt wurde. Die Größen z_α und $\bar{n}_\alpha$ wurden in (4.23) und (4.29) definiert.

Die charakteristische Funktion einer Summe statistischer Variabler — diese ist wieder eine statistische Variable — ist das Produkt der charakteristischen Funktionen der einzelnen Variablen (l.c.[13], S. 188).

Demnach ist die charakteristische Funktion der statistischen Variablen E

$$\left.\begin{aligned} F(t) &= \prod_\alpha f_\alpha(t) \\ &= \exp\left\{\sum_\alpha -z_\alpha^2[1+2\bar{n}_\alpha] + z_\alpha^2[1+\bar{n}_\alpha]e^{-it\omega_\alpha} + z_\alpha^2 \bar{n}_\alpha e^{it\omega_\alpha}\right\}. \end{aligned}\right\} \quad (5.3)$$

---

* Wenn $w(E)\,dE$ bekannt ist, kann man leicht das Spektrum eines Kernes endlicher Lebensdauer berechnen. Man muß nur über die Energieverteilung im Kernniveau mitteln: $\widetilde{w}(E_\gamma) = \frac{1}{2\pi} \int \frac{\lambda w(E_0 - E_\gamma)}{(E_0 - \bar{E})^2 + (\lambda/2)^2} dE_0$.

** In dem Buch von CRAMER wird $f(-t) = \varphi(t)$ als charakteristische Funktion bezeichnet. Wir haben obige Bezeichnung gewählt, um in Übereinstimmung mit der physikalischen Literatur zu bleiben und den Vergleich zu erleichtern.

[13] CRAMER, H.: Mathematical Methods of Statistics. Princeton 1954.

Daraus folgt sofort die Wahrscheinlichkeitsverteilung von E

$$w(E)\,dE = \frac{dE}{2\pi} \int_{-\infty}^{+\infty} e^{iEt} F(t)\,dt. \tag{5.4}$$

Das ist die von W. E. LAMB[2] angegebene Formel[14].

Mit der hier angegebenen Herleitung kann man leicht zeigen, daß bei einem sehr großen, primitiven Gitter bei der γ-Emission jeder Oszillator höchstens ein Phonon absorbiert bzw. emittiert, während die höheren Phononenübergänge keine Rolle spielen. Dazu betrachte man zunächst die Wahrscheinlichkeitsverteilung für jene Prozesse, die durch (4.25) mit $\bar{n}_\alpha$ statt n gegeben ist. Die zugehörige charakteristische Funktion ist

$$\tilde{f}_\alpha(t) = 1 - [1 + 2\bar{n}_\alpha]\,z_\alpha^2 + [1 + \bar{n}_\alpha]\,z_\alpha^2 e^{-it\omega_\alpha} + \bar{n}_\alpha z_\alpha^2 e^{it\omega_\alpha} \tag{5.5}$$

und deren Logarithmus

$$\log \tilde{f}_\alpha(t) = -[1 + 2\bar{n}_\alpha]\,z_\alpha^2 + [1 + \bar{n}_\alpha]\,z_\alpha^2 e^{-it\omega_\alpha} + \bar{n}_\alpha z_\alpha^2 e^{it\omega_\alpha} + R_\alpha(z_\alpha^2),$$

wobei das Restglied R_α mit $z_\alpha^4 \propto \frac{1}{N^2 \omega_\alpha^2}$ verschwindet. Nun bilde man

$$\log \tilde{F}(t) = \sum_\alpha \log \tilde{f}_\alpha(t) = \log F(t) + \sum_\alpha R_\alpha$$

und schätze das Restglied $\sum_\alpha R_\alpha$ ab. Dieses ist von der Größenordnung $1/N\omega_0^2$, wenn ω_0 die kleinste im Kristall vorkommende Eigenfrequenz ist. Da $\omega_0 \propto N^{-\frac{1}{3}}$ für große N ist, verschwindet im Limes $N \to \infty$ das Restglied wie $N^{-\frac{1}{3}}$. Also ist $\lim_{N\to\infty} \tilde{F}(t) = F(t)$ und die ein-Phononenprozesse beschreiben vollständig die Wahrscheinlichkeitsverteilung $w(E)$.

Dieses Ergebnis ist auch anschaulich verständlich: Wenn man eine vorgegebene Energie auf die Oszillatoren verteilen will, gibt es sehr viel mehr Möglichkeiten, diese auf viele Oszillatoren zu verteilen als auf wenige. [Besitzt der Kristall N_α Oszillatoren der Frequenz ω_α, so kann man z.B. die Energie $2\omega_\alpha$ auf $N_\alpha(N_\alpha - 1)$ verschiedene Weisen auf zwei Oszillatoren verteilen, aber nur auf N_α Weisen auf einen.]

Die charakteristische Funktion $F(t)$ hängt eng mit den Bewegungsgrößen des Leuchtkernes zusammen. Durch Vergleich von (5.3) mit (4.12) [unter Beachtung von (4.23)] sieht man sofort,

---

[14] Neben der von W. E. LAMB und hier angegebenen Herleitung gibt es eine dritte von L. VAN HOVE, Phys. Rev. 95, 249 (1954).

daß It log $F(t) = \frac{1}{2}\mathfrak{k}\cdot\xi_L(t)$ ist. Um die Bedeutung von Re log $F(t)$ aufzuzeigen, führen wir den Erwartungswert einer Observablen A des Kristalls ein, wenn dieser die Temperatur T hat und schreiben kurz

$$\langle A\rangle_T = \frac{\text{Spur }e^{-\frac{H}{\varkappa T}}A}{\text{Spur }e^{-\frac{H}{\varkappa T}}} = \frac{\sum\limits_n (\Phi_n, A\,\Phi_n)\,e^{-\frac{E_n}{\varkappa T}}}{\sum\limits_m e^{-\frac{E_m}{\varkappa T}}}. \quad (5.6)$$

Dann zeigt man leicht, daß Re log $F(t) = -\frac{1}{2}\langle\{\mathfrak{k}\cdot(\mathfrak{x}_L(t)-\mathfrak{x}_L(0))\}^2\rangle_T$ ist, indem man den Heisenberg-Operator $\mathfrak{x}_L(t)$ nach (4.11) durch Normalschwingungen darstellt, in (5.6) für E_n bzw. Φ_n (4.8) bzw. (4.9) einsetzt und durch Anwendung von (4.6), (4.10) die Matrixelemente ausrechnet. Zusammengefaßt ist

$$\left.\begin{aligned}\log F(t) &= -i\sum_\alpha z_\alpha^2 \sin\omega_\alpha t - \sum_\alpha z_\alpha^2\left[1+\frac{2}{e^{\omega_\alpha/\varkappa T}-1}\right][1-\cos\omega_\alpha t]\\ &= \frac{i}{2}\mathfrak{k}\cdot\xi_L(t) - \frac{1}{2}\langle\{\mathfrak{k}\cdot(\mathfrak{x}_L(t)-\mathfrak{x}_L(0))\}^2\rangle_T\\ &= \frac{1}{2}[\mathfrak{k}\cdot\mathfrak{x}_L(t),\mathfrak{k}\cdot\mathfrak{x}_L(0)] - \frac{1}{2}\langle\{\mathfrak{k}\cdot(\mathfrak{x}_L(t)-\mathfrak{x}_L(0))\}^2\rangle_T,\end{aligned}\right\} \quad (5.7)$$

wobei die letzte Gleichheit nach (3.19) gilt.

Die Wahrscheinlichkeitsfunktion $w(E)$ wird damit

$$\left.\begin{aligned}w(E)\,dE = \frac{dE}{2\pi}\int\limits_{-\infty}^{+\infty} dt\,\exp\Big\{&iEt + \frac{i}{2}\mathfrak{k}\cdot\xi_L(t) -\\ &-\frac{1}{2}\langle\{\mathfrak{k}\cdot(\mathfrak{x}_L(t)-\mathfrak{x}_L(0))\}^2\rangle_T\Big\}.\end{aligned}\right\} \quad (5.8)$$

Sie ist vollkommen durch die Bewegung $\mathfrak{x}_L(t)$ des Leuchtkernes im Gitter bestimmt. Insbesondere hängt sie vom Verschiebungsquadrat der ungestörten Bewegung ab, d.h. vom Quadrat der während der Zeit t in Richtung des übertragenen Impulses $-\mathfrak{k}$ zurückgelegten Strecke, und von der durch die γ-Emission hervorgerufenen Auslenkung $\xi_L(t)$ (vgl. § 3). Dabei ist t in (5.8) zunächst nur ein formaler Integrationsparameter, denn die Übergangswahrscheinlichkeiten zwischen Energiezuständen sind zeitunabhängig, da der Prozeß der γ-Emission momentan ist. Andererseits treten im Integranden von (5.8) nur solche Größen auf, die man mit den Bewegungsgrößen des Leuchtkernes identifizieren kann. Insofern mag es gerechtfertigt sein, den Integrationsparameter als Zeit zu interpretieren.

Theorie des Mößbauer-Effektes

An der Darstellung (5.8) für $w(E)$ kann man durch obige Deutung der im Integranden auftretenden Größen das asymptotische Verhalten von $w(E)$ für hohe Temperaturen verständlich machen. Man betrachte zunächst das Verschiebungsquadrat, welches nach (5.7) für große T

$$\frac{1}{2}\langle\{\mathfrak{k}\cdot(\mathfrak{x}_L(t)-\mathfrak{x}_L(0))\}^2\rangle_T = \varkappa T \sum_\alpha \frac{z_\alpha^2}{\omega_\alpha}[1-\cos\omega_\alpha t] \qquad (5.9)$$

proportional T wächst (ähnlich wie bei der Brownschen Bewegung) bis auf die Stelle $t=0$. Das ist in Übereinstimmung mit der Bemerkung im vorigen Paragraphen, daß eine Temperaturerhöhung eine Schwächung der Kopplung und eine Erhöhung der Beweglichkeit des Leuchtkernes bedeutet. Der Integrand in (5.8) verschwindet also exponentiell mit T bis auf die Stelle $t=0$, die dann allein einen wesentlichen Beitrag zum Integral liefert. Entwickelt man den Exponenten des Integranden nach t, so wird wegen [nach (3.12)] $\mathfrak{k}\cdot\xi_L(t) = -\frac{k^2}{m_L}t$ und $\mathfrak{x}_L(t) - \mathfrak{x}_L(0) = \dot{\mathfrak{x}}_L(0)\,t = \frac{1}{m_L}\mathfrak{p}_L t$ asymptotisch für hohe Temperaturen

$$\begin{aligned}w(E)\,dE &= \frac{dE}{2\pi}\int_{-\infty}^{+\infty} dt\,\exp\left\{i\left(E-\frac{k^2}{2m_L}\right)t - \frac{1}{2}\left\langle\left\{\frac{\mathfrak{k}\cdot\mathfrak{p}_L}{m_L}\right\}^2\right\rangle_T t^2\right\} \\ &= \frac{dE}{\sqrt{2\pi\left\langle\left\{\frac{\mathfrak{k}\cdot\mathfrak{p}_L}{m_L}\right\}^2\right\rangle_T}}\,e^{-\frac{(E-R)^2}{2\left\langle\left\{\frac{1}{m_L}\mathfrak{k}\cdot\mathfrak{p}_L\right\}^2\right\rangle_T}}\end{aligned} \qquad (5.10)$$

Man erhält eine Gauß-Verteilung um den Wert der freien Rückstoßenergie R (3.7) mit einer Breite von $\sqrt{\left\langle\left\{\frac{1}{m_L}\mathfrak{k}\cdot\mathfrak{p}_L\right\}^2\right\rangle_T}$. Diese Breite ist gleich der durch den Rückstoß des γ-Quants hervorgerufenen Energieunschärfe im Kristall; denn nach (3.6) (mit Anm. S. 11) und (5.6) ist

$$\langle e^{it\mathfrak{x}_L} H^2 e^{-it\mathfrak{x}_L}\rangle_T - \langle e^{it\mathfrak{x}_L} H e^{-it\mathfrak{x}_L}\rangle_T^2$$
$$= \langle H^2\rangle_T - \langle H\rangle_T^2 + \left\langle\left\{\frac{1}{m_L}\mathfrak{k}\mathfrak{p}_L\right\}^2\right\rangle_T.$$

Andererseits ist für hohe Temperaturen nach dem Gleichverteilungssatz der statistischen Mechanik $\left\langle\left\{\frac{1}{m_L}\mathfrak{k}\cdot\mathfrak{p}_L\right\}^2\right\rangle_T = 2R\varkappa T$. [Das folgt auch aus (5.9), wenn man das Glied $\propto t^2$ mit (4.1) und (4.23) berechnet.] Das liefert genau die Doppler-Breite des Rückstoßspektrums eines Gases.

Die Gl. (5.10) entspricht genau der für den einzelnen Oszillator gültigen Gl. (4.28). Es ist demnach nicht verwunderlich, daß (5.10) eine Gauß-Verteilung ist; denn die Wahrscheinlichkeitsverteilung einer Summe statistischer Variabler, die eine Gauß-Verteilung besitzen, ist wieder eine Gauß-Verteilung. Deren Breite bzw. Schwerpunkt ist gleich der Summe der Breiten bzw. Schwerpunkte der Einzelverteilungen[13]. Das drückt sich hier durch die Beziehung $R = \sum_\alpha r_\alpha$ aus.

§ 6. Diskussion des Rückstoßspektrums

Zur genaueren Untersuchung der Struktur der Wahrscheinlichkeitsfunktion $w(E)$ (5.4) müssen noch einige Umformungen vorgenommen werden. Zunächst kann im Ausdruck (5.7) für $\log F(t)$ der Kommutator in der 3. Zeile durch den Temperaturmittelwert nach (5.6) ersetzt werden, denn er ist nach § 3 eine c-Zahl. Man erhält

$$\log F(t) = - \langle \{\mathfrak{k} \cdot \mathfrak{x}_L(0)\}^2 \rangle_T + \langle \mathfrak{k} \cdot \mathfrak{x}_L(t)\, \mathfrak{k} \cdot \mathfrak{x}_L(0) \rangle_T. \qquad (6.1)$$

In der sich damit aus (5.4) ergebenden Darstellung

$$w(E)\, dE = \frac{dE}{2\pi} e^{-\langle \{\mathfrak{k} \cdot \mathfrak{x}_L(0)\}^2 \rangle_T} \int_{-\infty}^{+\infty} e^{iEt}\, e^{\langle \mathfrak{k} \cdot \mathfrak{x}_L(t)\, \mathfrak{k} \cdot \mathfrak{x}_L(0) \rangle_T}\, dt \qquad (6.2)$$

entwickeln wir den letzten Exponentialfaktor und schreiben

$$w(E)\, dE = \sum_{n=0}^{\infty} w_n(E)\, dE, \qquad (6.3)$$

wobei

$$w_n(E)\, dE = e^{-\langle \{\mathfrak{k} \cdot \mathfrak{x}_L(0)\}^2 \rangle_T} \int_{-\infty}^{+\infty} e^{iEt} \frac{1}{n!} \langle \mathfrak{k} \cdot \mathfrak{x}_L(t)\, \mathfrak{k} \cdot \mathfrak{x}_L(0) \rangle_T^n\, dt \qquad (6.4)$$

gesetzt wurde. An die Ausdrücke (6.3) und (6.4) soll die Diskussion angeschlossen werden.

Die Reihenentwicklung (6.3) kann im Sinne der Störungstheorie interpretiert werden. Dazu drückt man die Erwartungswerte in (6.4) durch Normalschwingungen aus, was genau wie die Berechnung von $\text{Re} \log F(t)$ nach S. 24 vor sich geht:

$$\langle \{\mathfrak{k} \cdot \mathfrak{x}_L(0)\}^2 \rangle_T = \sum_\alpha \frac{(\mathfrak{k} \cdot \varphi_L^\alpha)^2}{2 m_L \omega_\alpha} \left[1 + \frac{2}{e^{\omega_\alpha/\varkappa T} - 1} \right], \qquad (6.5\,\text{a})$$

$$\left. \begin{aligned} \langle \mathfrak{k}\, \mathfrak{x}_L(t)\, \mathfrak{k} \cdot \varphi_L(0) \rangle_T &= \sum_\alpha \frac{(\mathfrak{k} \cdot \varphi_L^\alpha)^2}{2 m_L \omega_\alpha} \left[1 + \frac{1}{e^{\omega_\alpha/\varkappa T} - 1} \right] e^{-i\omega_\alpha t} + \\ &\quad + \sum_\alpha \frac{(\mathfrak{k} \cdot \varphi_L^\alpha)^2}{2 m_L \omega_\alpha}\, \frac{1}{e^{\omega_\alpha/\varkappa T} - 1}\, e^{i\omega_\alpha t}. \end{aligned} \right\} \qquad (6.5\,\text{b})$$

Wegen der Auswahlregel $n_\alpha \to n_\alpha \pm 1$ bei Dipolübergängen des harmonischen Oszillators stellt in (6.5 b) das Glied $\propto e^{-i\omega_\alpha t}$ die (eventuell nur virtuelle) Absorption eines Phonons durch den α-ten Oszillator dar. Das Glied $\propto e^{i\omega_\alpha t}$ beschreibt entsprechend die Emission. Daher gibt $w_n(E)\,dE$ die Wahrscheinlichkeit dafür an, daß bei einem n-Phononenprozeß vom Kristall die Energie E aufgenommen wird.

Man überlegt sich leicht, daß nicht alle Phononenprozesse hierbei reell gewertet werden können. Zum Beispiel enthält $w_2(E)$ Glieder, wo einmal ein gewisser Oszillator ein Phonon absorbiert und dann derselbe Oszillator das Phonon wieder emittiert. [Um das zu sehen, setze man (6.5b) in (6.4) mit $n=2$ ein.] Damit liefert w_2 Beiträge zur Wahrscheinlichkeit, daß das γ-Quant rückstoßfrei emittiert wird; denn letzteres ist durch $w(0)\,dE$ gegeben. Auch $w_4, w_6, \ldots$ geben Beiträge für $E=0$. Summiert man alle auf, so erhält man

$$w(0)\,dE = e^{-\langle\{\mathfrak{k}\cdot\mathfrak{x}_L(0)\}^2\rangle} \prod_\alpha I_0\left(\frac{(\mathfrak{k}\cdot\varphi_L^\alpha)^2}{2m_L\omega_\alpha \, \mathrm{Sinh}\, \frac{\omega_\alpha}{2\varkappa T}}\right). \qquad (6.6)$$

Nach (4.27) ist das gerade der korrekte Ausdruck für die Wahrscheinlichkeit, daß kein Oszillator bei der γ-Emission seinen Zustand ändert. Den Ausdruck (6.6) hat H. OTT[12] berechnet, der auch zeigt, daß für einen genügend großen Kristall ($N \gtrsim 10^5$) mit einem regulären Gitter das Produkt $\prod_\alpha$ durch eins ersetzt werden kann.

In einem sehr großen Kristall, auf den wir uns bei der weiteren Diskussion beschränken wollen, spielen bei einem einzelnen Oszillator nur die ein-Phonon-Prozesse eine Rolle, wie im vorigen Paragraphen aufgezeigt wurde. In diesem Grenzfall geben dann die $w_n(E)\,dE$ die richtige Wahrscheinlichkeit dafür, daß genau n (verschiedene) Oszillatoren ihren Zustand geändert haben[4] und der Kristall die Energie E aufgenommen hat. Alle anderen Beiträge zu w_n verschwinden im Limes $N \to \infty$. Zu w_n tragen dann also nur reelle Prozesse bei.

Nach diesen Bemerkungen sollen nun die einzelnen Glieder der Reihe (6.3) untersucht werden, zuerst der Term $n=0$. Er liefert die Wahrscheinlichkeit, daß das γ-Quant rückstoßfrei emittiert wird. Bei diesem Prozeß nimmt das Gitter keine Energie auf, weswegen $w_0(E)=0$ nur für $E=0$ sein kann. Das drückt sich durch die $\delta(E)$-Funktion auf der rechten Seite von (6.4) für $n=0$ aus.

Dementsprechend beobachtet man eine schmale Linie der γ-Quanten, die Mößbauer-Linie*. Der Debye-Waller-Faktor

$$e^{-\langle\{\mathfrak{k}_L\cdot\mathfrak{x}(0)\}^2\rangle_T} \tag{6.7}$$

gibt an, welcher Bruchteil der γ-Quanten ohne Rückstoß emittiert wird.

Die Intensität der Mößbauer-Linie ist um so größer, je kleiner das Schwankungsquadrat $\frac{1}{k^2}\langle\{\mathfrak{k}\cdot\mathfrak{x}_L(0)\}^2\rangle_T$ des Leuchtkernes ist, d.h. je fester das Leuchtatom im Kristallverband sitzt. Damit ist nach (6.5a) gleichbedeutend, daß der Leuchtkern dann nur an wenige Oszillatoren kleiner Frequenz gekoppelt sein darf und daß die Temperatur klein sein muß. Je beweglicher andererseits der Leuchtkern ist, um so leichter werden nach (4.25) die Eigenschwingungen des Kristalls angeregt, und die Wahrscheinlichkeit für eine rückstoßfreie Emission nimmt ab. Damit diese überhaupt möglich ist, muß das aus (6.5a) mit (4.16) folgende Integral

$$\langle\{\mathfrak{k}\cdot\mathfrak{x}_L(0)\}^2\rangle_T = \int_0^{\omega_g} \frac{3N(\mathfrak{k}\cdot\varphi_L(\omega))^2}{2m_L\omega}\left[1+\frac{2}{e^{\omega/\varkappa T}-1}\right]\sigma(\omega)\,d\omega \tag{6.8}$$

endlich bleiben. Das ist aber nur der Fall, wenn die Spektralfunktion $\sigma(\omega)$ des Kristalls (s. S. 17) für kleine Frequenzen stärker als ω verschwindet. Das ist die gleiche Bedingung, damit (nach S. 18) der Leuchtkern für $t\to\infty$ wieder in seine Ausgangslage zurückkehrt und keine endlichen Verrückungen zurückbleiben.

Es ist also verständlich, daß im Debye-Waller-Faktor das Schwankungsquadrat auftritt, wie es schon seit langem aus der Theorie der Streuung von Röntgenstrahlen an Kristallen bekannt ist. Selbstverständlich hängt die Anregungswahrscheinlichkeit der Eigenschwingungen auch vom übertragenen Impuls ab. Der Mößbauer-Effekt wird um so größer, je weicher die emittierte γ-Strahlung ist, wie es (6.7) explizit zeigt.

Um zu quantitativen Aussagen über die Größe des Debye-Waller-Faktors zu gelangen, wird oft das Schwankungsquadrat für das Debyesche Kristall-Modell angegeben. Mit (4.15), (4.2) und (4.18) wird aus (6.8):

$$\langle\{\mathfrak{k}\cdot\mathfrak{x}_L(0)\}^2\rangle_T = \frac{3R}{2\varkappa\Theta}\left[1+4\frac{T^2}{\Theta^2}\int_0^{\Theta/T}\frac{z}{e^z-1}\,dz\right]. \tag{6.8a}$$

---

* Bei einem Kern endlicher Lebensdauer hat die Linie eine Lorentz-Form, wobei die Zerfallskonstante die Linienbreite angibt.

Gegen die Charakterisierung durch die Debye-Temperatur $\Theta = \omega_g/\varkappa$ bestehen jedoch Bedenken, weil Θ im allgemeinen kein Maß für die Kopplung der Gitteratome aneinander ist. Darauf kommen wir im nächsten Paragraphen ausführlich zurück.

Die Wahrscheinlichkeit für die ein-Phonon-Anregung ist durch w_1 nach (6.4) gegeben. Wenn man (6.5b) in der sich mit (4.16) ergebenden Darstellung

$$\langle \mathfrak{k} \cdot \mathfrak{x}_L(t)\, \mathfrak{k} \cdot \mathfrak{x}_L(0) \rangle_T = \int_0^{\omega_g} \frac{3N(\mathfrak{k} \cdot \varphi_L(\omega))^2}{2m_L \omega} \times \\ \times \left\{ \left[1 + \frac{1}{e^{\omega/\varkappa T} - 1}\right] e^{-i\omega t} + \frac{e^{i\omega t}}{e^{\omega/\varkappa T} - 1} \right\} \sigma(\omega)\, d\omega \quad (6.9)$$

in (6.4) einsetzt, wird

$$w_1(E) = e^{-\langle \{\mathfrak{k} \cdot \varphi_L(0)\}^2 \rangle_T} \frac{3N(\mathfrak{k} \cdot \varphi_L(|E|))^2}{2m_L |E|} \left[\vartheta(E) + \frac{1}{e^{|E|/\varkappa T} - 1}\right] \sigma(|E|). \quad (6.10)$$

Dabei ist

$$\vartheta(E) = \begin{cases} 1 & \text{für } E > 0 \\ 0 & \text{für } E < 0. \end{cases} \quad (6.11)$$

An der Darstellung (6.10) für $w_1(E)$ kann man sofort einige Dinge wiedererkennen, die in den vorigen Paragraphen aufgezeigt wurden. Die Asymmetrie für $E > 0$ und $E < 0$ zeigt, daß die im Mittel auf das Gitter übertragene Energie R ist und nicht Null. Der Faktor $1/|E|$ kommt nach (4.25) daher, daß — wie schon oft erwähnt wurde — Eigenschwingungen kleiner Frequenz leichter als solche großer Frequenz angeregt werden. Weiterhin sieht man sofort, daß w_1 an den gleichen Stellen wie die Spektralfunktion $\sigma(|E|)$ unstetig ist und w_1 verschwindet, wenn $|E|$ größer als die Grenzfrequenz ist. Mehr als diese Energie kann natürlich nicht bei einem ein-Phonon-Prozeß vom Gitter absorbiert bzw. emittiert werden.

Die wichtigste Schlußfolgerung wollen wir jedoch aus dem Verhalten von $w_1(E)$ für kleine Energien ziehen. Für $|E| \ll \varkappa T$ ist

$$w_1(E) = e^{-\langle \{\mathfrak{k} \cdot \mathfrak{x}_L(0)\}^2 \rangle_T} \frac{3N(\mathfrak{k} \cdot \varphi_L(|E|))^2}{2m_L} \varkappa T \frac{\sigma(|E|)}{E^2}. \quad (6.12)$$

Nur wenn $\sigma(|E|)$ für kleine $|E|$ entsprechend (4.14) wie E^2 oder stärker verschwindet, ist $w_1(E)$ beschränkt. Nur dann kann sich die Mößbauer-Linie vom Spektrum der ein-Phonon-Anregung abheben. Wenn nicht $\sigma(|E|) \propto E^2$ wäre, würde w_1 an der Stelle $E = 0$ singulär werden. Es würde eine Art Mößbauer-Linie vorgetäuscht werden, deren Breite und Form jedoch nicht durch das Kernniveau bestimmt wäre, sondern durch den Kristall, insbesondere durch $\sigma(\omega)$. Um es noch einmal zu betonen:

Die Möglichkeit, mit dem Mößbauer-Effekt die natürliche Linienbreite eines Kernniveaus zu bestimmen, hängt daran, daß die Zahl der Eigenschwingungen des Kristalls, die eine Frequenz zwischen ω und $\omega + d\omega$ besitzen, $\propto \omega^2 \, d\omega$ für kleine ω verschwindet. Nur dann hebt sich die Mößbauer-Linie vom Rückstoßspektrum ab.

Dies ist die stärkste Bedingung an $\sigma(\omega)$, die aus dem Mößbauer-Effekt erschlossen werden kann.

Die übrigen w_n mit $n \gg 2$ sind für unsere Betrachtungen weniger interessant[15]. Es sind stetige beschränkte Funktionen von E, so daß man keine neuen Bedingungen an die Spektralfunktion $\sigma(\omega)$ ableiten kann. Sogar die $n-2$-te Ableitung von $w_n(E)$ ist stetig, wie man folgendermaßen zeigen kann: Wendet man das Riemann-Lebesguesche Lemma auf (6.9) an, dann folgt, mit (4.14), daß $\langle \mathfrak{k} \cdot \mathfrak{x}_L(t) \, \mathfrak{k} \cdot \mathfrak{x}_L(0) \rangle_T \propto t^{-1}$ für große t verschwindet. Es ist daher $t^{n-2} \langle \mathfrak{k} \cdot \mathfrak{x}_L(t) \, \mathfrak{k} \cdot \mathfrak{x}_L(0) \rangle_T$ über t absolut integrierbar, und nach einem Satz über Fourier-Integrale[16], angewandt auf (6.4), ist damit die $n-2$-te Ableitung von $w_n(E)$ stetig. Unstetigkeiten im Rückstoßspektrum der γ-Quanten können also nur von den ein-Phonon-Prozessen herrühren.

§ 7. Die Abhängigkeit des Debye-Waller-Faktors von den Massen der Gitteratome.

Bei den bisherigen Betrachtungen wurde eine große Eigenfrequenz des Kristalls immer mit einer starken Kopplung der Teilchen aneinander gleichgesetzt. Das ist aber nicht immer richtig. Hohe Frequenzen können auch in kleinen Massen ihre Ursache haben. Das zeigt besonders deutlich ein Beryllium-Kristall. Seine hohe Debye-Temperatur entsteht nicht durch sehr starke Bindungskräfte, sondern weil die Gitteratome sehr leicht sind.

Wollte man naiverweise versuchen, die Intensität der Mößbauer-Linie zu erhöhen, indem man den Leuchtkern in ein Gitter mit hoher Debye-Temperatur Θ einbaut — wie etwa Gl. (6.8a) nahelegt —, wird man keinen Erfolg haben, falls das große Θ von kleinen Massen

---

[15] Umfangreiche numerische Berechnungen findet man z. B. bei A. Sjölander, Ark. Fys. **14**, 315 (1959); für den Spezialfall eines Debye-Spektrums bei V. Vissher, l. c. [4].

[16] Bochner, S., u. K. Chandrasekharan: Fourier-Transforms, S. 1. Princeton 1949.

herrührt. Ein kleines Schwankungsquadrat im Debye-Waller-Faktor (6.7) erreicht man nur durch starke Bindungskräfte. Das ist verständlich, weil das Schwankungsquadrat nach (6.5a) nicht allein durch die Eigenfrequenzen des Kristalls, sondern auch durch die φ_L^α bestimmt wird. Diese geben an, wie stark das Leuchtatom an die einzelnen Eigenschwingungen gekoppelt ist. Wenn man die Massen der Gitterbausteine (bis auf die des Leuchtkerns) leichter macht, — bei sonst gleichen Bindungsverhältnissen —, wird die Kopplung des Leuchtatoms an die Eigenschwingungen hoher Frequenz schwächer; denn der Leuchtkern ist dann wegen seiner relativ größeren Masse träger als die anderen Gitterbausteine und folgt nicht so leicht den schnellen Schwingungen. Damit wird der Effekt in (6.5a) wieder kompensiert, der durch eine Vergrößerung der Frequenzen erzielt wird.

Das soll auch durch Rechnungen dargelegt werden. Man könnte dabei an Fe[57] als Leuchtkern denken, das man einmal in ein Eisengitter und andermal in ein Beryllium-Gitter einbaut. Da die Wertigkeiten und Atomradien (bei metallischer Bindung) von Fe und Be gleich sind, sollten die Bindungsverhältnisse in beiden Gittern gleich sein und das Fe sollte regulär in das Be-Gitter eingebaut werden.

Weil im allgemeinen die Kernresonanzfluoreszenz-Experimente bei relativ hohen Temperaturen ($T \gtrsim 80°$ K) durchgeführt werden, soll das Schwankungsquadrat bei hohen Temperaturen betrachtet werden. Man entwickle also in (6.5a) den Temperaturfaktor

$$1 + \frac{2}{e^{\omega_\alpha/\varkappa T} - 1} = 2 \sum_{n=0}^{\infty} \frac{B_{2n}}{(2n)!} \left(\frac{\omega_\alpha}{\varkappa T}\right)^{2n-1}, \qquad (7.1)$$

wobei B_n die Bernoullischen Zahlen ($B_0 = 1$, $B_2 = \frac{1}{6}$, $B_4 = -\frac{1}{30}$, $B_6 = \frac{1}{42}$) sind und setze

$$\langle \{\mathfrak{k} \cdot \mathfrak{x}_L(0)\}^2 \rangle_T = \sum_{n=0}^{\infty} \frac{B_{2n}}{(2n)!} \varrho_n (\varkappa T)^{1-2n} \qquad (7.2)$$

mit

$$\varrho_n = \sum_\alpha \frac{1}{m_L} (\mathfrak{k} \cdot \varphi_L^\alpha)^2 \omega_\alpha^{2n-2}. \qquad (7.3)$$

Es besteht jetzt die Aufgabe, die Abhängigkeit der ϱ_n von den Massen der Gitterbausteine anzugeben. Dazu muß man sich erinnern, wie die ω_α und φ_L^α aus den Kristallgrößen bestimmt werden. Nach §3 hat das Gitterpotential die Form

$$V(\mathfrak{x}_1, \ldots, \mathfrak{x}_N) = \sum_{r,s=1}^{N} \sum_{j,k=1}^{3} V_{rj,sk} u_{rj} u_{sk}, \qquad (7.4)$$

wobei u_{rj} die j-Komponente der Auslenkung des r-ten Gitteratoms aus der Ruhelage ist. Das Eigenwertproblem zur Bestimmung der Eigenschwingungen des Kristalls (§ 4) lautet dann[13]

$$\sum_{s=1}^{N}\sum_{j=1}^{3}\frac{V_{rj,sk}}{\sqrt{m_r m_s}}\varphi_{sk}^{\alpha}=\omega_{\alpha}^{2}\varphi_{rj}^{\alpha}. \tag{7.5}$$

Da die Eigenwerte nach Voraussetzung (§ 3) alle von Null verschieden sind, gibt es die zu $V_{rj,sk}$ inverse Matrix $V_{rj,sk}^{-1}$ mit

$$\sum_{s=1}^{N}\sum_{k=1}^{3}V_{rj,sk}^{-1}V_{sk,tl}=\delta_{rt}\delta_{jl}. \tag{7.6}$$

Aus (7.5) folgt dann

$$\frac{1}{\omega_{\alpha}^{2}}\varphi_{rj}^{\alpha}=\sum_{s=1}^{N}\sum_{k=1}^{3}\sqrt{m_r m_s}\,V_{rj,sk}^{-1}\varphi_{sk}^{\alpha}. \tag{7.7}$$

Das führe man in ϱ_0 (7.3) ein und benutze noch die Orthogonalitätsrelationen (4.1) der φ_{sk}^{α}, um das Ergebnis

$$\varrho_0=\sum_{j,l=1}^{3}k_j V_{Lj,Ll}^{-1}k_l \tag{7.8a}$$

zu erhalten. Entsprechend kann man ϱ_1, ϱ_2, ϱ_3 berechnen, indem man in (7.3) ω_{α}^{2} nach (7.5) ersetzt und (4.1) benutzt. Das Ergebnis ist

$$\varrho_1=\frac{1}{m_L}k^2=2R, \tag{7.8b}$$

$$\varrho_2=\frac{1}{m_L^2}\sum_{j,l=1}^{3}k_j V_{Lj,Ll}k_l, \tag{7.8c}$$

$$\varrho_3=\frac{1}{m_L^2}\sum_{r=1}^{N}\frac{1}{m_r}\sum_{l=1}^{3}\Big(\sum_{j=1}^{3}k_j V_{Lj,rl}\Big)^{2}. \tag{7.8d}$$

Jetzt sieht man nach (7.2) und (7.8) sofort, daß die ersten Glieder des Schwankungsquadrates allein vom Gitterpotential (und der Masse des Leuchtkernes) abhängen. Erst vom Gliede $\propto T^{-5}$ ab treten die Massen der Gitterbausteine ($r \neq L$) auf. Man wird erst bei recht tiefen Temperaturen einen Unterschied feststellen können, ob die Gitterbausteine leicht oder schwer sind. Bei den im allgemeinen verwandten Temperaturen von $T \gtrsim 80°$ K wird das nicht der Fall sein*. Wenn man also den Debye-Waller-Faktor durch eine Debye-Temperatur Θ charakterisieren will, sollte man nur solche Θ miteinander vergleichen, wo die Massen der entsprechenden Gitter-

---

* Das ergibt sich aus einer Restgliedabschätzung der Reihe (7.1) mit $\omega_\alpha = \varkappa\Theta$.

atome gleich sind, damit verschiedenen Θ verschiedene Bindungsverhältnisse entsprechen. Statt nach Kristallen mit einer hohen Debye-Temperatur sollte man besser nach solchen mit starken Bindungskräften ($\sqrt{m}\,\Theta$) suchen, wenn man einen großen Mößbauer-Effekt erhalten will. Starke Bindung bedeutet nämlich nach (7.2) mit (7.8) ein kleines Schwankungsquadrat, denn ϱ_0 enthält V_{LL}^{-1} und $B_4 \varrho_2 \propto B_4 V_{LL}$ ist negativ ($B_4 < 0$).

Betrachtet man das Glied $\frac{1}{6!} B_6 \varrho_3 (\varkappa T)^{-5}$ in (7.2) mit (7.8d) genauer, dann stellt man überdies fest, daß das Schwankungsquadrat zunimmt, wenn man die Masse eines Gitterbausteines leichter macht; denn B_6 ist positiv. Das gilt in Strenge: Wenn man irgendein m_r ($r \neq L$) kleiner macht, nimmt die Intensität der Mößbauer-Linie ab. Die Rechnungen, mit denen man das zeigt, sind nicht schwierig, aber etwas lang und sollen daher nur skizziert werden.

Aus (7.5) kann man mit den Methoden der Schrödingerschen Störungstheorie (die $\varphi_{r,j}^{\alpha}$ bilden in $\mathfrak{K}$ ein vollständiges System, vgl. § 4) ausrechnen, wie sich die Eigenschwingungen und Eigenfrequenzen ändern, wenn sich die Masse eines Gitterbausteines, es sei der s-te, infinitesimal ändert. Das Ergebnis lautet

$$(\omega_\alpha^2 - \omega_\beta^2) \sum_{r=1}^{N} \varphi_r^\beta \cdot \delta \varphi_r^\alpha = -\frac{1}{2}(\omega_\alpha^2 + \omega_\beta^2)\, \varphi_s^\alpha \cdot \varphi_s^\beta (1 - \delta_{\alpha\beta}) \frac{\delta m_s}{m_s}, \quad (7.9)$$

$$\delta \omega_\alpha = -\frac{1}{2}\, \varphi_s^\alpha \cdot \varphi_s^\alpha\, \omega_\alpha \frac{\delta m_s}{m_s}. \quad (7.10)$$

Damit erhält man dann aus (6.5a) die Änderung des Schwankungsquadrates [unter Benutzung von (4.1)] nach einigen längeren Umformungen

$$2 m_L m_s \frac{\delta}{\delta m_s} \langle \{\mathfrak{k} \cdot \mathfrak{x}_L(0)\}^2 \rangle_T = \sum_\alpha \operatorname{Ctgh}\left(\frac{\omega_\alpha}{2\varkappa T}\right) \frac{1}{\omega_\alpha} (\mathfrak{k} \cdot \varphi_L^\alpha)^2\, \delta_{rL} - \\
- \frac{1}{2} \sum_{\alpha,\beta} \frac{(\mathfrak{k} \cdot \varphi_L^\alpha)(\varphi_s^\alpha \cdot \varphi_s^\beta)(\mathfrak{k} \cdot \varphi_L^\beta)}{\operatorname{Sinh} \frac{\omega_\alpha}{2\varkappa T} \operatorname{Sinh} \frac{\omega_\beta}{2\varkappa T}} \times \\
\times \left[\frac{1}{\omega_\alpha + \omega_\beta} \operatorname{Sinh} \frac{\omega_\alpha + \omega_\beta}{2\varkappa T} - \frac{1}{\omega_\alpha - \omega_\beta} \operatorname{Sinh} \frac{\omega_\alpha - \omega_\beta}{2\varkappa T}\right]. \quad (7.11)$$

Durch Einführung eines formalen Integrationsparameters ν kann man das auch (für $s \neq L$) schreiben

$$2 m_L m_s \frac{\delta}{\delta m_s} \langle \{\mathfrak{k} \cdot \mathfrak{x}_L(0)\}^2 \rangle_T = \\
= -\frac{1}{2\varkappa T} \int_0^1 \sum_{j=1}^{3} \left\{ \sum_{\alpha=1}^{N} (\mathfrak{k} \cdot \varphi_L^\alpha)\, \varphi_{sj}^\alpha\, \frac{\operatorname{Sinh} \nu \frac{\omega_\alpha}{2\varkappa T}}{\operatorname{Sinh} \frac{\omega_\alpha}{2\varkappa T}} \right\}^2 d\nu. \quad (7.12)$$

Die rechte Seite von (7.12) ist immer negativ, also kann das Schwankungsquadrat nur zunehmen, wenn $\delta m_s < 0$ ist. Man kann noch überdies aus (7.11) zeigen, daß $\frac{\partial}{\partial \varkappa T} \frac{\delta}{\delta m_s} \langle \{\mathfrak{k} \cdot \mathfrak{x}_L(0)\}^2 \rangle_T > 0$ ist. Andererseits verschwindet die rechte Seite von (7.12) für $T \to \infty$ [wie man mit (4.1) unter Beachtung von $s \neq L$ zeigt]. Das bedeutet, daß der Einfluß der Massenänderung der Gitterbausteine für $T=0$ am größten ist. Wenn man also einen Masseneinfluß auf den Debye-Waller-Faktor ausnutzen will, wobei man dann jedoch den Kristall tief abkühlen muß, muß man ein Gitter mit schweren Atomen statt eines mit leichten Atomen benutzen.

§ 8. Die Bestimmung des Schwingungsspektrums von Kristallen aus dem Rückstoßspektrum

In den §§ 5—7 wurde angegeben, wie das Spektrum der γ-Quanten von den Eigenschaften des Kristalls, in das die Leuchtkerne eingebaut sind, abhängt. Naturgemäß taucht nun die Frage auf, ob man nicht durch Messung des Rückstoßspektrums einige Kristalleigenschaften bestimmen kann. Ganz besonders interessiert es, ob man nicht daraus die Spektralfunktion $\sigma(\omega)$ der Eigenschwingungen des Kristalls berechnen kann[4]. Es käme also darauf an, die Beziehung zwischen $w(E)$ und $\sigma(\omega)$ in der Gl. (6.2) mit (6.9) umzukehren und in Abhängigkeit von $w(E)$ darzustellen.

Zur Bestimmung von $w(E)$ könnte man an eine ähnliche Versuchsanordnung denken, wie sie von R. L. Mössbauer[1] benutzt wurde. Man bewege den Kristall (Emitter), in den die Leuchtkerne eingebaut sind, mit der Geschwindigkeit v auf einen ruhenden Kristall (Absorber) zu, der Atomkerne von der Art der Leuchtkerne im Grundzustand enthält. Dabei bestimme man die Zahl der resonanzgestreuten γ-Quanten als Funktion von v. Das muß für jede Geschwindigkeit, insbesondere also auch für sehr große v, durchgeführt werden, da man die Kenntnis des ganzen Rückstoßspektrums benötigt. Auf die sehr großen experimentellen Schwierigkeiten soll hier nicht eingegangen werden.

Die Zahl der resonanzgestreuten γ-Quanten ist für dünne Absorber durch das Faltungsintegral

$$J(\varepsilon) = \int_{-\infty}^{+\infty} w(\varepsilon - E) w(E) \, dE \tag{8.1}$$

gegeben, wobei $\varepsilon = \frac{v}{c} E_0$ gesetzt wurde. Positives v bedeutet, daß sich der Emitter auf den Absorber zu bewegt, negatives v bedeutet, daß er sich fortbewegt. Der Einfachheit wegen wurde in (8.1) angenommen, daß der Emitter und Absorber die gleiche Gitterstruktur und Temperatur besitzen*.

Setzt man in (8.1) den Ausdruck (6.2) ein, der einmal mit $w(E, \mathfrak{k})$ bezeichnet werde, dann kann die Integration ausgeführt werden und man erhält

$$J(\varepsilon, \mathfrak{k}) = w(\varepsilon, \sqrt{2}\mathfrak{k}). \tag{8.2}$$

$J(\varepsilon)$ besitzt demnach dieselbe Form wie $w(E)$. Damit kann $w(E)$ als eine bekannte, experimentell bestimmte Funktion angesehen werden.

Als erstes kann man aus $w(E)$ einige Bewegungsgrößen des Leuchtkernes im Gitter erhalten. Nach (5.4) ist

$$\frac{\int E\, w(E)\, e^{-iEt}\, dE}{\int w(E')\, e^{-iE't}\, dE'} = i\, \frac{\partial}{\partial t}\log F(t) \tag{8.3}$$

und daraus erhält man, indem man den Real- bzw. Imaginärteil nimmt, mit (5.7) die zeitliche Ableitung der durch die γ-Emission induzierten Bewegung bzw. des Verschiebungsquadrates des Leuchtkernes.

Andererseits ist nach (6.1) und (6.9) $\log F(t)$ mit dem Schwingungsspektrum des Kristalls verknüpft. Das liefert die Beziehung

$$\left. \begin{aligned} i\frac{\partial}{\partial t}\log F(t) = \int_0^{\omega_g} \frac{3N}{2m_L}(\mathfrak{k}\cdot\varphi_L(\omega))^2 \times \\ \times \left\{ \left[1 + \frac{1}{e^{\omega/\varkappa T}-1}\right] e^{-i\omega t} - \frac{e^{i\omega t}}{e^{\omega/\varkappa T}-1}\right\} \sigma(\omega)\, d\omega, \end{aligned} \right\} \tag{8.4}$$

die durch Fourier-Transformation umgekehrt werden kann

$$\left. \begin{aligned} \frac{1}{2\pi}\int dt\, e^{i\omega t}\, i\frac{\partial}{\partial t}\log F(t) \\ = \begin{cases} \frac{3N}{2m_L}(\mathfrak{k}\cdot\varphi_L(\omega))^2 \left[1 + \frac{1}{e^{\omega/\varkappa T}-1}\right]\sigma(\omega) & \text{für } \omega > 0 \\ -\frac{3N}{2m_L}(\mathfrak{k}\cdot\varphi_L(|\omega|))^2 \frac{1}{e^{|\omega|/\varkappa T}-1}\sigma(|\omega|) & \text{für } \omega < 0. \end{cases} \end{aligned} \right\} \tag{8.5}$$

Diese Gleichung zusammen mit (8.3) ist die gewünschte Darstellung der Spektralfunktion $\sigma(\omega)$ des Kristalls durch das Rückstoßspektrum der γ-Quanten. Leider erhält man nicht $\sigma(\omega)$ allein, sondern nur das Produkt $3N(\mathfrak{k}\cdot\varphi_L(\omega))^2\sigma(\omega)$. Wenn man die Eigenschwingungen $\varphi_L(\omega)$ berechnen kann, wie im Falle eines primitiven Gitters,

---

* Die Verallgemeinerung auf verschiedene Gitterstrukturen und Temperaturen von Emitter und Absorber kann analog den folgenden Ableitungen leicht durchgeführt werden.

kennt man auch $\sigma(\omega)$. Für ein kubisches, primitives Gitter ist nach (4.2) und (4.18) $3N(\mathfrak{k}\cdot\varphi_L(\omega))^2 = k^2$. Dann ist nach (8.3) und (8.5)

$$\frac{1}{\pi}\int_{-\infty}^{+\infty} dt \cos\omega t \frac{\int E w(E) e^{-iEt} dE}{\int w(E') e^{-iE't} dE'} = R\,\sigma(|\omega|). \quad (8.6)$$

Dabei ist nach (3.7) R die im Mittel vom Gitter aufgenommene Energie.

V. Vissher[4] hatte vorgeschlagen, die Spektralfunktion $\sigma(\omega)$ näherungsweise aus der Wahrscheinlichkeitsverteilung $w_1(E)$ (6.10), daß der Kristall ein Phonon absorbiert hat, zu bestimmen. Damit diese Näherung ausreichend ist, dürfen die höheren Phononenprozesse keinen wesentlichen Beitrag zum Rückstoßspektrum liefern. Man darf dann nur mit Emittern einer weichen γ-Strahlung experimentieren, damit der Rückstoßimpuls $\mathfrak{k}$ genügend klein bleibt. Die obigen Formeln zeigen aber, daß diese Einschränkung nicht nötig ist.

Herrn Prof. Dr. J. H. D. Jensen möchte ich an dieser Stelle meinen besonderen Dank für viele Anregungen und sein ständiges Interesse an dieser Arbeit sagen. Herrn Prof. Dr. M. Danos danke ich für zahlreiche Diskussionen.

Anhang A: Der Zustand des Kristallgitters nach der γ-Emission

Die in §2 und §3 skizzierten, qualitativen Überlegungen genügen nicht, um daraus eindeutig den Zustand des Kristallgitters nach der γ-Emission herleiten zu können. Daher soll mit Hilfe der zeitabhängigen Störungsrechnung[17] der Ansatz (3.3) für den Gitterzustand streng begründet werden.

Der Kristall werde durch einen Hamilton-Operator H_K beschrieben, der nur von den Schwerpunktskoordinaten der Gitterbausteine abhänge. Der Kristall sei auf einer Unterlage befestigt, so daß er keine Translations- oder Rotationsbewegungen ausführen kann. Dann kann das Energiespektrum als diskret angenommen werden:

$$H_K \Phi_j = E_j \Phi_j. \quad (A.1)$$

Der Hamilton-Operator des Leuchtkernes sei H_L, der nur von den Relativkoordinaten der Nukleonen abhänge. Die Schwerpunktsbewegung des Kernes sei in H_K enthalten. Die Eigenfunktionen und

---

[17] Wentzel, G.: Wellenmechanik der Stoß- und Strahlungsvorgänge. In Handbuch der Physik, Bd. 24/2. Berlin 1933. — Heitler, W.: The Quantum-Theorie of Radiation. Oxford 1954.

Eigenwerte von H_L werden mit χ_j und ε_j bezeichnet:

$$H_L \chi_j = \varepsilon_j \chi_j. \qquad (A.\,2)$$

Insbesondere sei χ_0 der Grundzustand und χ_1 der 1. angeregte Zustand.

Die γ-Quanten werden durch den Hamilton-Operator H_{el} des freien elektromagnetischen Feldes beschrieben. $\varphi(\mathfrak{f}_1, e_1; \ldots; \mathfrak{f}_n, e_n)$ sei der Zustand, in dem n-Photonen vorhanden sind, ein Photon mit dem Impuls $\mathfrak{f}_1$ und der Polarisation e_1 usw. Dann ist mit $k\,c = |\mathfrak{f}|\,c$ als Energie eines γ-Quants des Impulses $\mathfrak{f}$:

$$H_{el}\,\varphi(\mathfrak{f}_1, e_1; \ldots; \mathfrak{f}_n, e_n) = \sum_{j=1}^{n} k_j\,c\,\varphi(\mathfrak{f}_1, e_1; \ldots; k_n, e_n). \qquad (A.\,3)$$

Speziell ist φ_0 das Photonenvakuum mit $H_{el}\,\varphi_0 = 0$.

Schließlich werde die Wechselwirkung zwischen Kristallgitter, Leuchtkern und dem elektromagnetischen Feld mit H_W bezeichnet. Dann kann man das zeitliche Verhalten des Systems berechnen.

Zur Zeit $t = 0$ befinde sich das Gitter in einem Anfangszustand Φ_i, der Kern im 1. angeregten Zustand χ_1 und γ-Quanten seien nicht vorhanden. Der Anfangszustand des Systems sei also

$$\Psi(0) = \Phi_i \chi_1 \varphi_0. \qquad (A.\,4)$$

Den Zustand zur Zeit t berechnet man in bekannter Weise mit dem Ansatz von WIGNER und WEISSKOPF[17]. Das Ergebnis ist in erster Näherung

$$\Psi(t) = e^{-i(E_i+\varepsilon_1)t - \frac{\lambda}{2}t} \Phi_i \chi_1 \varphi_0 + \sum_j \sum_{r=1}^{2} \int d^3k \bigl(\Phi_j \chi_0\,\varphi(\mathfrak{f}, e_r), H_W\,\Phi_i \chi_1 \varphi_0\bigr) \times$$

$$\times \frac{1 - e^{i(E_j+\varepsilon_0+kc-E_i-\varepsilon_1)t - \frac{\lambda}{2}t}}{(E_j+\varepsilon_0+kc-E_i-\varepsilon_1) + i\frac{\lambda}{2}} e^{-i(E_j+\varepsilon_0+kc)t} \Phi_j \chi_0\,\varphi(\mathfrak{f}, e_r) + \cdots.$$

Dabei ist λ die Zerfallskonstante des angeregten Kernes.

Nun stellt man zu einer gewissen Zeit τ durch eine Messung fest, daß der Leuchtkern ein γ-Quant in den Raumwinkel $d\Omega$ emittiert hat. Das System befindet sich dann — entsprechend den quantenmechanischen Prinzipien der Messung einer Eigenschaft[18] — in einem neuen Zustand $\widetilde{\Psi}(\tau)$, der durch die Projektion von $\Psi(\tau)$ auf

---

[18] LUDWIG, G.: Die Grundlagen der Quantenmechanik. Berlin 1954.

den ein-Photon-Unterraum des Hilbert-Raumes gegeben ist:

$$\widetilde{\Psi}(\tau) = \text{const} \sum_j \sum_{r=1}^{2} d\Omega \int k^2 \, dk \left(\Phi_j \chi_0 \varphi(k, \Omega, e_r), H_W \Phi_i \chi_1 \varphi_0 \right) \times$$

$$\times \frac{1 - e^{i(E_j + \varepsilon_0 + kc - E_i - \varepsilon_1)\tau - \frac{\lambda}{2}\tau}}{(E_j + \varepsilon_0 + kc - E_i - \varepsilon_1) + i\frac{\lambda}{2}} e^{-i(E_j + \varepsilon_0 + kc)\tau} \Phi_j \chi_0 \varphi(k, \Omega, e_r).$$

Die Konstante ist die Normierungskonstante von $\widetilde{\Psi}(\tau)$. Dieser Zustand dreht sich nun nach dem Hamilton-Operator des freien Systems $H_0 = H_K + H_L + H_{el}$ weiter: $\widetilde{\Psi}(t) = e^{-iH_0(t-\tau)} \widetilde{\Psi}(\tau)$. Da im allgemeinen die Entstehung des angeregten Kernniveaus nicht beobachtet wird, müssen die aus $\widetilde{\Psi}(\tau)$ berechneten Übergangswahrscheinlichkeiten über die Entstehungszeiten gemittelt werden. Das ist gleichbedeutend mit einer Mittelung über $\tau > 0$. Dabei können alle Werte von τ als gleichwahrscheinlich angesehen werden, weil die angeregten Kerne des Emitters beim Mößbauer-Experiment aus einer langlebigen Muttersubstanz durch β-Zerfall entstehen. Das Ergebnis der Mittelung ist, daß das Glied $\propto e^{-\frac{\lambda}{2}\tau}$ in $\widetilde{\Psi}(\tau)$ fortgelassen werden kann. Dann geben nur diejenigen Glieder in $\widetilde{\Psi}(\tau)$ einen wesentlichen Beitrag, für die innerhalb der natürlichen Linienbreite der Energiesatz erfüllt ist. Da von λ abgesehen, d.h. der Limes $\lambda \to 0$ betrachtet werden soll (vgl. § 2), muß also $kc = \varepsilon_1 - \varepsilon_0 + E_i - E_j$ sein. Dabei ist die Differenz der Gitterenergie $|E_j - E_i|$ sehr klein gegen die der Kernenergie $\varepsilon_1 - \varepsilon_0$ (§ 2). Weil der Kernübergang sicherlich nicht stark davon beeinflußt wird, ob das γ-Quant den 10^6-ten Bruchteil der Anregungsenergie des Kernes mehr oder weniger durch Anregung von Gitterschwingungen erhält, kann das Matrixelement der Wechselwirkung nicht empfindlich von k abhängen. Es wird genügen, wenn man dort die γ-Quantenenergie gleich der Anregungsenergie des Kernes setzt: $kc \approx \varepsilon_1 - \varepsilon_0$. Damit wird der Zustand des Systems nach der γ-Emission durch

$$\left. \begin{aligned} \widetilde{\Psi}(\tau) &= \text{const} \sum_j \sum_{r=1}^{2} \left(\Phi_j \chi_0 \varphi\left(k = \frac{\varepsilon_1 - \varepsilon_0}{c}, \Omega, e_r\right), H_W \Phi_i \chi_1 \varphi_0 \right) \times \\ &\times e^{-i(E_j + \varepsilon_0)\tau} \Phi_j \chi_0 \varphi\left(k = \frac{\varepsilon_1 - \varepsilon_0}{c}, \Omega, e_r\right) \end{aligned} \right\} \quad (A.5)$$

beschrieben. Hiernach erfolgt (formal) die γ-Emission spontan zur Zeit τ, nachdem sich der Anfangszustand $\Psi(0) = \Phi_i \chi_1 \varphi_0$ bis dahin ungestört nach dem Hamilton-Operator H_0 des freien Systems gedreht hat. Der Einfachheit wegen wählen wir einen neuen Zeitnullpunkt und setzen $\tau = 0$.

Der Zustand des Gitters nach der γ-Emission ist dann nach (A. 5)

$$\left.\begin{aligned}\psi_f &= \text{const} \sum_j \left(\Phi_j \chi_0 \, \varphi(\mathfrak{k}, e), H_W \, \Phi_i \chi_1 \, \varphi_0\right) \Phi_j \\ &= \text{const} \left(\chi_0 \, \varphi(\mathfrak{k}, e), H_W \, \chi_1 \, \varphi_0\right) \Phi_i.\end{aligned}\right\} \quad \text{(A. 6)}$$

Hier müssen jetzt die Matrixelemente näher betrachtet werden. In der unrelativistischen Näherung der Nukleonen des Leuchtkernes lautet das in der Ladung e bzw. im Vektorpotential lineare Glied der Wechselwirkung[17]

$$\left.\begin{aligned}\tilde{H}_W &= \left(\varphi(\mathfrak{k}, e), H_W \, \varphi_0\right) = -\sum_l \frac{e}{Mc} \mathfrak{A}_l \, \pi_l \\ &= -\frac{1}{\sqrt{2\pi}^3} \frac{e}{M} \sum_l \frac{e^{-i\mathfrak{k}\cdot\mathfrak{z}_l}}{\sqrt{2kc}} e \cdot \pi_l.\end{aligned}\right\} \quad \text{(A. 7)}$$

Darin bedeutet $\mathfrak{A}_l$ das Vektorpotential des γ-Quants am Ort des l-ten Protons des Leuchtkernes. e ist der Polarisationsvektor des γ-Quants, M die Protonenmasse und π der Protonenimpuls. Von den Protonenkoordinaten spalten wir den Schwerpunkt $\mathfrak{x}_L$ und von den Impulsen den Schwerpunktsimpuls $\mathfrak{p}_L$ des Leuchtkernes ab, denn die Kerneigenfunktionen hängen nur von den auf den Kernschwerpunkt $\mathfrak{x}_L$ bezogenen Nukleonenkoordinaten und die Gitterfunktionen nur von den Schwerpunktskoordinaten ab. Die Matrixelemente von (A. 6) lassen sich dann folgendermaßen schreiben:

$$\left.\begin{aligned}&\left(\chi_0 \, \varphi(\mathfrak{k}, e), H_W \, \chi_1 \, \varphi_0\right) \\ &= \left(\chi_0, \left\{-\frac{1}{\sqrt{2\pi}^3} \frac{e}{\sqrt{2kc}} \sum_l e^{-i\mathfrak{k}(\mathfrak{z}_l - \mathfrak{x}_L)} e \cdot \left(\frac{1}{M} \pi_l - \frac{1}{m_L} \mathfrak{p}_L\right)\right\} \chi_1\right) e^{-i\mathfrak{k}\cdot\mathfrak{x}_L} + \\ &+ \left(\chi_0, \left\{-\frac{1}{\sqrt{2\pi}^3} \frac{e}{\sqrt{2kc}} \sum_l e^{-i\mathfrak{k}(\mathfrak{z}_l - \mathfrak{x}_L)}\right\} \chi_1\right) e^{-i\mathfrak{k}\cdot\mathfrak{x}_L} \frac{1}{m_L} e \cdot \mathfrak{p}_L \\ &= K_1 e^{-i\mathfrak{k}\cdot\mathfrak{x}_L} + K_2 \, e^{-i\mathfrak{k}\cdot\mathfrak{x}_L} \frac{1}{m_L} e \cdot \mathfrak{p}_L.\end{aligned}\right\} \quad \text{(A. 8)}$$

Die Masse des Leuchtkernes wurde hier mit m_L bezeichnet. Mit (A. 8) nimmt der Gitterendzustand folgende Form an:

$$\psi_f = \text{const } K_1 e^{-i\mathfrak{k}\cdot\mathfrak{x}_L} \Phi_i + \text{const } K_2 \, e^{-i\mathfrak{k}\cdot\mathfrak{x}_L} \frac{1}{m_L} e \cdot \mathfrak{p}_L \, \Phi_i = \Lambda_1 + \Lambda_2.$$

Die Vektoren Λ_1 und Λ_2 sind zueinander orthogonal (wenn Φ_i Eigenvektor zu H_K ist. Siehe Anm. S. 11):

$$(\Lambda_1, \Lambda_2) \propto (e^{-i\mathfrak{k}\cdot\mathfrak{x}_L} \Phi_i, e^{-i\mathfrak{k}\cdot\mathfrak{x}_L} e \cdot \mathfrak{p}_L \, \Phi_i) = (\Phi_i, e \cdot \mathfrak{p}_L \, \Phi_i) = 0.$$

Da aber $\frac{\|A_2\|}{\|A_1\|} = \frac{|K_2|}{|K_1|} \sqrt{\left(\Phi_i, \left\{\frac{e \cdot \mathfrak{p}_L}{m_L}\right\}^2 \Phi_i\right)} \ll 1$ ist, wie unten gezeigt wird, kann schließlich

$$\psi_f = e^{-it \cdot \tilde{\varepsilon}_L} \Phi_i \qquad (A.9)$$

gesetzt werden, wobei von einem von den Gitterkoordinaten unabhängigen Phasenfaktor abgesehen wird. ψ_f ist in (A. 9) richtig auf eins normiert.

Zum Beweis der Behauptung $\|A_2\| \ll \|A_1\|$ beachte man zunächst, daß der Kernradius R sehr klein gegen die Wellenlänge des γ-Quants ($k^{-1} = 0{,}86 \cdot 10^{-8}$ cm für Fe^{57}) ist. In den Kernmatrixelementen K_1 und K_2 kann man daher eine Multipolentwicklung machen und man sieht, daß K_2 nur einen Beitrag liefert, dessen Ordnung eins größer ist, als die des ersten nichtverschwindenden Terms von K_1 [19]. Demnach ist $\frac{|K_1|}{|K_2|} \approx \frac{v_N}{kR} \approx \frac{v_N \pi_N}{kc} \cdot c \approx c$, wobei v_N die Geschwindigkeit eines Nukleons im Kern ist. Weiterhin ist $\sqrt{\left(\Phi_i, \left\{\frac{e \cdot \mathfrak{p}_L}{m_L}\right\}^2 \Phi_i\right)} \approx v_L$, der Geschwindigkeit des Leuchtkerns im Gitter. Damit erhält man schließlich die Abschätzung $\|A_2\| \approx \frac{v_L}{c} \|A_1\| \ll \|A_1\|$.

Die Berechnung des Gitterzustandes zeigt, daß die Schwerpunktsbewegung des Leuchtkernes in der Wechselwirkung $\tilde{H}_W$ (A. 7) vernachlässigbar ist. Nur das Vektorpotential des γ-Quants am Schwerpunkt des Kernes ist entscheidend für die Wirkung der γ-Emission auf das Gitter. Daher kann man die Ergebnisse der Röntgenstreuung an Kristallen auf den Mößbauer-Effekt anwenden: Für die Röntgenstreuung ist der quadratische Term des Vektorpotentials in der Schrödinger-Gleichung entscheidend[17]. (Der die Bewegung der Elektronen und Atomkerne enthaltende, lineare Term ist klein.) Dem Kernmatrixelement korrespondiert der Atomfaktor, während bezüglich der Anregung der Gitterschwingungen nur das Vektorpotential des γ-Quants am Ort der Gitterbausteine vor und nach der Streuung eingeht. Das ist gerade zweimal die Wirkung der Wechselwirkung, die für den Mößbauer-Effekt maßgebend ist. Da aber bei der Streuung nur die Impulsübertragung $\mathfrak{k}' - \mathfrak{k}$ auf gleiche Weise wie der Rückstoßimpuls $-\mathfrak{k}$ beim Mößbauer-Effekt eingeht, ist klargelegt, daß man bezüglich des Kristallgitters die entsprechenden Rechnungen der Röntgenstreuung sofort auf den Mößbauer-Effekt übertragen kann.

---

[19] SACHS, R. G., u. N. AUSTERN: Phys. Rev. **81**, 705 (1951), insbes. Abschn. IV, S. 708.

Anhang B: Die Impulsübertragung auf den harmonischen Oszillator

Ein harmonischer Oszillator im Zustand (4.9) $\chi_n = \frac{a^{*n}}{\sqrt{n!}} \chi_0$, der den Rückstoßimpuls einer γ-Emission aufnimmt, befindet sich danach [nach (4.20)] im Zustand

$$\chi_f = e^{-iz(a^*+a)} \chi_n, \qquad (B.1)$$

wobei [nach (4.23)] $-z$ im wesentlichen der übertragene Impuls ist. Die Wahrscheinlichkeit, den Oszillator dabei in der m-ten Anregungsstufe zu finden, wobei er $s = m - n$ Phononen absorbiert hat, ist durch

$$\Omega_{m-n,n} = |(\chi_m, \chi_f)|^2 = |(\chi_m, e^{-iz(a^*+a)} \chi_n)|^2 \qquad (B.2)$$

gegeben.

Um das Matrixelement

$$M_{m,n} = (\chi_m, \chi_f) = \left(\frac{a^{*m}}{\sqrt{m!}} \chi_0, e^{-iz(a^*+a)} \frac{a^{*n}}{\sqrt{n!}} \chi_0\right) \qquad (B.3)$$

zu berechnen, wende man zunächst die Weylsche Identität an [20]. Sie besagt, daß $e^A e^B = e^{A+B+\frac{1}{2}[A,B]}$ ist, wenn der Kommutator $[A,B]$ eine c-Zahl ist. Dieses ist nach (4.6) für $-iza^*$ und $-iza$ erfüllt. Also ist

$$M_{m,n} = e^{-\frac{1}{2}z^2} \left(\frac{a^{*m}}{\sqrt{m!}} \chi_0, e^{-iza^*} e^{-iza} \frac{a^{*n}}{\sqrt{n!}} \chi_0\right). \qquad (B.4)$$

Wegen * $e^{-iza} a^* = (e^{-iza} a^* e^{iza}) e^{-iza} = (a^* - iz) e^{-iza}$ und $a\chi_0 = 0$ wird daraus

$$M_{m,n} = e^{-\frac{1}{2}z^2} \frac{1}{\sqrt{m!n!}} ((a^* + iz)^m \chi_0, (a^* - iz)^n \chi_0)$$

$$= e^{-\frac{1}{2}z^2} \frac{1}{\sqrt{m!n!}} \sum_{r=0}^{m} \sum_{s=0}^{n} \binom{m}{r}\binom{n}{s} (-iz)^{m-r} (-iz)^{n-s} \sqrt{r!s!} (\chi_r, \chi_s)$$

und man erhält die von Bloch und Nordsieck [21, 18] angegebenen Ausdrücke

$$M_{m,n} = \begin{cases} e^{-\frac{1}{2}z^2} \sqrt{\frac{n!}{m!}} (-iz)^{m-n} L_n^{m-n}(z^2) & \text{für } m > n \\ e^{-\frac{1}{2}z^2} \sqrt{\frac{m!}{n!}} (-iz)^{n-m} L_m^{n-m}(z^2) & \text{für } n > m, \end{cases} \qquad (B.5)$$

wobei $L_n^s(x)$ die Laguerreschen Polynome (4.24) sind.

---
* Man beweist die Relation leicht mit (4.6) und Anm. S. 17.
[20] Weyl, H.: Z. Physik **46**, 1 (1927).
[21] Bloch, F., u. A. Nordsieck: Phys. Rev. **52**, 54 (1937).

Wenn man das in (B. 2) einführt, lautet die Übergangswahrscheinlichkeit

$$\Omega_{m-n,n}(z^2) \begin{cases} e^{-z^2}\dfrac{n!}{m!}(z^2)^{m-n}[L_n^{m-n}(z^2)]^2 & \text{für } m>n \\ e^{-z^2}\dfrac{m!}{n!}(z^2)^{n-m}[L_m^{n-m}(z^2)]^2 & \text{für } n>m. \end{cases} \quad \text{(B. 6)}$$

Das S. 20 erwähnte Verhalten von $\Omega_{s,n}(z^2)$ hat den mathematischen Grund, daß $L_n^s(x)$ als Funktion von x genau n Nullstellen $x_i(n,s)$ besitzt und als Funktion von s ein Polynom n-ten Grades ist. Wenn also z.B. zufällig $z^2 = x_i$ ist, ist $\Omega_{s,n}(z^2) = 0$ und der entsprechende Übergang ist verboten. Für eine ausführliche Diskussion der Laguerreschen Polynome und Zusammenstellung ihrer Eigenschaften sei auf die Lehrbücher der Mathematik verwiesen (z.B. l.c.[11]).

Stand der Oszillator vor der γ-Emission mit seiner Umgebung im Temperaturgleichgewicht, so befand er sich nicht in einem bestimmten Anfangszustand. Man muß dann (B. 6) über die Anfangsverteilung der Oszillatorzustände mitteln. Die Wahrscheinlichkeit, den Oszillator der Temperatur T im Zustand χ_n zu finden, ist durch

(4.26) $\left(1 - e^{-\frac{\omega}{\varkappa T}}\right)e^{-\frac{n\omega}{\varkappa T}}$ gegeben. Damit wird die Wahrscheinlichkeit $\Omega_s(z^2, T)$, daß der Oszillator s Phononen absorbiert hat

$$\Omega_s(z^2, T) = \sum_n \Omega_{s,n}(z^2)\left(1 - e^{-\frac{\omega}{\varkappa T}}\right)e^{-\frac{n\omega}{\varkappa T}}, \quad \text{(B. 7)}$$

wobei die Summe über $n = 0, 1, \ldots, \infty$ für $s > 0$ und $n = |s|, |s+1|, \ldots, \infty$ für $s < 0$ läuft.

Nach einem Satz über Laguerresche Polynome[22]

$$\sum_{n=0}^{\infty} \frac{n!}{(n+s)!} L_n^s(x) L_n^s(y) t^n = (1-t)^{-1}(xyt)^{-\frac{s}{2}} e^{-t\frac{x+y}{1-t}} I_s\left(2\frac{\sqrt{xyt}}{1-t}\right),$$

wobei

$$I_s(y) = \sum_{m=0}^{\infty} \frac{(\frac{1}{2}y)^{2m+s}}{m!(m+s)!} \quad \text{(B. 8)}$$

die modifizierten Bessel-Funktionen der s-ten Ordnung sind, kann man die Summation in (B. 7) ausführen mit dem Ergebnis

$$\Omega_s(z^2, T) = \exp\left\{-z^2\left[1 + \frac{2}{e^{\omega/\varkappa T} - 1}\right] + \frac{s\omega}{2\varkappa T}\right\} I_{|s|}\left(\frac{z^2}{\sinh\frac{\omega}{2\varkappa T}}\right). \quad \text{(B. 9)}$$

---

[22] ERDÉLYI, A., W. MAGNUS, F. OBERHETTINGER u. F. TRICOMI: Higher Transcendental Functions, Bd. II, S. 189. New York 1953.

Diese Formel gilt sowohl für Phononenabsorption ($s>0$) als auch Emission ($s<0$). Da $I_s(y)$ für $y>0$ eine positive, monoton wachsende Funktion von y ist, entsteht eine in ihrer Struktur viel einfachere Wahrscheinlichkeitsverteilung als (B. 6).

Ω_s besitzt bezüglich s nur ein Maximum s_M, das von der Temperatur T praktisch unabhängig ist. Um das zu zeigen, berechne man den Wertebereich von s, wo Ω_s monoton zunimmt bzw. abnimmt. Dort ist

$$\Omega_{s-1}(z^2, T) - \Omega_s(z^2, T)$$
$$= \exp\left\{-z^2\left[1 + \frac{2}{e^{\omega/\varkappa T} - 1}\right] + (s-1)\frac{\omega}{2\varkappa T}\right\}(I_{|s-1|} - e^{\frac{\omega}{2\varkappa T}} I_{|s|}) \quad \text{(B. 10)}$$

negativ bzw. positiv. Das gleiche Vorzeichen muß die Funktion

$$g_s(z^2, y) = y I_{|s-1|}(y) - \{z^2 + \sqrt{z^4 + y^2}\} I_{|s|}(y) \quad \text{(B. 11)}$$

mit $y = \dfrac{z^2}{\operatorname{Sinh} \dfrac{\omega}{2\varkappa T}}$ besitzen.

Nun folgt aus [23]

$$I_\alpha(y) - I_{\alpha+1}(y) = \frac{(\tfrac{1}{2} y)^\alpha}{\Gamma(\alpha + \tfrac{1}{2}) \Gamma(\tfrac{1}{2})} \int_{-1}^{+1} (1-t^2)^{\alpha - \tfrac{1}{2}} \left\{e^{yt} - \frac{(1-t^2)}{2(\alpha + \tfrac{1}{2})} \frac{\partial}{\partial t} e^{yt}\right\} dt$$

$$= \frac{(\tfrac{1}{2} y)^\alpha}{\Gamma(\alpha + \tfrac{1}{2}) \Gamma(\tfrac{1}{2})} \int_{-1}^{+1} (1-t)(1-t^2)^{\alpha - \tfrac{1}{2}} e^{yt} dt,$$

daß $I_\alpha(y) > I_{\alpha+1}(y)$ für $y > 0$ und $g_s(z^2, y) < 0$ für $s < 0$ ist, d. h. Ω_s ist für $s < 0$ eine monoton wachsende Funktion.

Um das Verhalten von g_s für $s > 0$ zu untersuchen, formen wir g_s mit Hilfe der Relation [23] $y I_{s-1}(y) = y I_s'(y) + s I_s(y)$ zu

$$g_s(z^2, y) = y I_s'(y) + (s - z^2 - \sqrt{z^4 + y^2}) I_s(y) \quad \text{(B. 12)}$$

um und berechnen $\dfrac{\partial}{\partial y} g_s(z^2, y)$ unter Benutzung der Differentialgleichung für I_s: $(y I_s'(y))' = \left(y + \dfrac{s^2}{y}\right) I_s(y)$ mit dem Ergebnis

$$\frac{\partial}{\partial y} g_s(z^2, y) = \left(y + \frac{s^2}{y} - \frac{y}{\sqrt{z^4 + y^2}}\right) I_s(y) + (s - z^2 - \sqrt{z^4 + y^2}) I_s'(y). \quad \text{(B. 13)}$$

Aus der Reihenentwicklung (B. 8) kann man zunächst g_s für kleine Werte von y berechnen $g_s(z^2, y) = \dfrac{1}{s!}\left(\dfrac{1}{2} y\right)^s (2s - 2z^2)$. Daraus folgt

---
[23] WATSON, G.: Theory of Bessel-Functions, S. 79. Cambridge 1948.

$g_s < 0$ für $s < z^2$ und $g_s > 0$ für $s > z^2$. Wenn nun mit wachsendem y g_s das Vorzeichen wechseln würde, müßte es einen Wert $y = y_0$ geben, wo $g_s(z^2, y_0) = 0$ ist. Dann wird an dieser Stelle nach (B.12), (B.13)

$$\frac{\partial}{\partial y} g_s(z^2, y_0) = \left\{ - \frac{y_0^2}{\sqrt{z^4 + y_0^2}} - 2(z^2 - s)(z^2 + \sqrt{z^4 + y_0^2}) \right\} \frac{1}{y_0} I_s(y_0),$$

also $\frac{\partial}{\partial y} g_s < 0$ für $s < z^2$ und $\frac{\partial}{\partial y} g_s > 0$ für $s > z^2 + \frac{1}{2}$. Da aber die Ableitung das umgekehrte Vorzeichen haben müßte, wenn g_s das Vorzeichen wechseln würde, schließt man, daß $g_s(z^2, y)$ für $s < z^2$ bzw. $s > z^2 + \frac{1}{2}$ immer dasselbe Vorzeichen besitzt und dort entsprechend Ω_s monoton ist.

Weiterhin folgt, daß das Maximum von Ω_s im Intervall

$$z^2 - 1 < s_M < z^2 + \frac{1}{2} \tag{B.14}$$

liegen muß. Diese Ungleichung kann nicht verbessert werden, denn es folgt aus $\Omega_{s_M-1} < \Omega_{s_M} > \Omega_{s_M+1}$, daß das Maximum für kleine Temperaturen bzw. y zwischen $z^2 - 1 < s_M < z^2$ und für hohe Temperaturen bzw. große y zwischen $z^2 - \frac{1}{2} < s_M < z^2 + \frac{1}{2}$ liegen muß. [Letzteres zeigt man mit der asymptotischen Entwicklung von $I_s(y)$, die z.B. in l.c.[23] S. 203 mit S. 198 angegeben ist.] Wenn nun z^2 so einen Wert besitzt, daß für kleine Temperaturen $z^2 - 1 < s_M < z^2 - \frac{1}{2}$ ist, kann sich das Maximum s_M für hohe Temperaturen um eins verschieben.

Um schließlich noch die Verteilung Ω_s asymptotisch für hohe Temperaturen zu berechnen, gehe man von der für ganzzahlige s gültigen Integraldarstellung (l.c.[23], S. 181)

$$I_s(y) = \frac{1}{2\pi} \int_{-\pi}^{+\pi} e^{y \cos \vartheta + i s \vartheta} d\vartheta$$

aus. Damit schreibt sich

$$\Omega_s(z^2, T) = \frac{1}{2\pi} \int_{-\pi}^{+\pi} \exp \left\{ \frac{s \omega}{2 \varkappa T} - \frac{z^2}{\operatorname{Sinh} \frac{\omega}{2 \varkappa T}} \times \right.$$

$$\left. \times \left[\operatorname{Cosh} \frac{\omega}{2 \varkappa T} - \cos \vartheta \right] + i s \vartheta \right\} d\vartheta.$$

Man sieht, daß für hohe Temperaturen der Integrand bis auf die Stelle $\vartheta = 0$ exponentiell mit T verschwindet. Entwickelt man die Hyperbelfunktionen und $\cos \vartheta = 1 - \frac{1}{2} \vartheta^2$, so wird

$$\Omega_s(z^2, T) \approx e^{\frac{\omega}{2\varkappa T}} \frac{1}{2\pi} \int_{-\pi}^{+\pi} e^{-\frac{z^2}{4\varkappa T}} e^{-\frac{z^2 \varkappa T}{\omega} \vartheta^2 + i s \vartheta} d\vartheta$$

$$\approx e^{\frac{s\omega}{2\varkappa T} - \frac{z^2}{4\varkappa T}} e^{-\frac{s^2 \omega}{4 z^2 \varkappa T}} \int_{-\infty}^{+\infty} e^{-\frac{z^2 \varkappa T}{\omega} \left\{\vartheta - \frac{i s \omega}{2 z^2 \varkappa T}\right\}^2} d\vartheta$$

$$= \frac{\omega}{\sqrt{4\pi \varkappa T z^2 \omega}} e^{-\frac{(s\omega - z^2 \omega)^2}{4 \varkappa T z^2 \omega}}.$$

Das ist das Ergebnis (4.28).

Inhalt des Jahrgangs 1949:

1. H. MAASS. Automorphe Funktionen und indefinite quadratische Formen. DM 3.60.
2. O. H. ERDMANNSDÖRFFER. Über Fasergranite und Böllsteiner Gneis. DM 1.20.
3. K. H. SCHUBERT. Die eindeutige Zerlegbarkeit eines Knotens in Primknoten. DM 2.80.
4. K. HOLLDACK. Grenzen der Herzauskultation. DM 4.20.
5. K. FREUDENBERG. Die Bildung ligninähnlicher Stoffe unter physiologischen Bedingungen. DM 1.—.
6. W. TROLL und H. WEBER. Morphologische und anatomische Studien an höheren Pflanzen. DM 7.80.
7. W. DOERR. Pathologische Anatomie der Glykolvergiftung und des Alloxandiabetes. MD 9.80.
8. W. THRELFALL. Knotengruppe und Homologieinvarianten. DM 1.50.
9. F. OEHLKERS. Mutationsauslösung durch Chemikalien. DM 3.80.
10. E. SPERNER. Beziehungen zwischen geometrischer und algebraischer Anordnung. DM 3.—.
11. F. HELLER. Ursus (Plionarctos) stehlini Kretzoi. DM 4.80.
12. W. RAUH. Klimatologie und Vegetationsverhältnisse der Athos-Halbinsel und der ostägäischen Inseln Lemnos, Evstratios, Mytiline und Chios. DM 10.50.
13. Y. REENPÄÄ. Die Schwellenregeln in der Sinnesphysiologie und das psychophysische Problem. DM 1.60.

Inhalt des Jahrgangs 1950:

1. W. TROLL und W. RAUH. Das Erstarkungswachstum krautiger Dikotylen, mit besonderer Berücksichtigung der primären Verdickungsvorgänge. DM 13.40.
2. A. MITTASCH. Friedrich Nietzsches Naturbeflissenheit. DM 8.80.
3. W. BOTHE. Theorie des Doppellinsen-β-Spektrometers. DM 1.90.
4. W. GRAEUB. Die semilinearen Abbildungen. DM 7.20.
5. H. STEINWEDEL. Zur Strahlungsrückwirkung in der klassischen Mesonentheorie. — Die klassische Mesondynamik als Fernwirkungstheorie. DM 1.80.
6. B. HACCIUS. Weitere Untersuchungen zum Verständnis der zerstreuten Blattstellungen bei den Dikotylen. DM 6.20.
7. Y. REENPÄÄ. Die Dualität des Verstandes. DM 6.80.
8. PETERSSON. Konstruktion der Modulformen und der zu gewissen Grenzkreisgruppen gehörigen automorphen Formen von positiver reeller Dimension und die vollständige Bestimmung ihrer Fourierkoeffizienten. DM 9.80.

Inhalt des Jahrgangs 1951:

1. A. MITTASCH. Wilhelm Ostwalds Auslösungslehre. DM 11.20.
2. F. G. HOUTERMANS. Über ein neues Verfahren zur Durchführung chemischer Altersbestimmungen nach der Blei-Methode. DM 1.80.
3. W. RAUH und H. REZNIK. Histogenetische Untersuchungen an Blüten- und Infloreszenzachsen sowie der Blütenachsen einiger Rosoideen, I. Teil. DM 10.—.
4. G. BUCHLOH. Symmetrie und Verzweigung der Lebermoose. Ein Beitrag zur Kenntnis ihrer Wuchsformen. DM 10.—.
5. L. KOESTER und H. MAIER-LEIBNITZ. Genaue Zählung von β-Strahlen mit Proportionalzählrohren. DM 2.25.
6. L. HEFFTER. Zur Begründung der Funktionentheorie. DM 2.30.
7. W. BOTHE. Die Streuung von Elektronen in schrägen Folien. DM 2.40.

If you have any concerns about our products,
you can contact us on
ProductSafety@springernature.com

In case Publisher is established outside the EU,
the EU authorized representative is:
**Springer Nature Customer Service Center GmbH
Europaplatz 3, 69115 Heidelberg, Germany**

Printed by Libri Plureos GmbH
in Hamburg, Germany